河南省南水北调配套工程
自动化系统运行维护标准

胡国领 刘英杰 王海峰 编著

中国水利水电出版社
www.waterpub.com.cn
·北京·

内 容 提 要

本书主要依据国家、行业标准和规范、招投标文件要求以及设备说明书等编写而成，为自动化系统管理和运行维护提供了支撑，有利于建设资源共享平台，全面提高水量调度等各项业务的处理能力，充分发挥工程效益。本书主要内容包括河南省南水北调受水区供水配套工程机房实体环境、服务器及存储设备、数据库及中间件、桌面及外围设备、不间断电源、计算机网络、通信系统、VTRON DLP 大屏系统、视频安防系统、视频会议系统、门禁系统、通信光缆、应用系统的运行维护标准。

本书可供自动化专业相关领域的工程技术人员及水利信息化管理人员参考阅读。

图书在版编目（CIP）数据

河南省南水北调配套工程自动化系统运行维护标准 / 胡国领，刘英杰，王海峰编著. -- 北京 : 中国水利水电出版社，2023.10
 ISBN 978-7-5226-1883-8

Ⅰ. ①河… Ⅱ. ①胡… ②刘… ③王… Ⅲ. ①南水北调－水利工程－自动化系统－运行－标准－河南②南水北调－水利工程－自动化系统－维修－标准－河南 Ⅳ. ①TV68-65

中国国家版本馆CIP数据核字(2023)第197558号

书　　名	**河南省南水北调配套工程自动化系统运行维护标准** HENAN SHENG NANSHUI BEIDIAO PEITAO GONGCHENG ZIDONGHUA XITONG YUNXING WEIHU BIAOZHUN
作　　者	胡国领　刘英杰　王海峰　编著
出版发行	中国水利水电出版社 （北京市海淀区玉渊潭南路1号D座　100038） 网址：www.waterpub.com.cn E-mail：sales@mwr.gov.cn 电话：（010）68545888（营销中心）
经　　售	北京科水图书销售有限公司 电话：（010）68545874、63202643 全国各地新华书店和相关出版物销售网点
排　　版	中国水利水电出版社微机排版中心
印　　刷	天津嘉恒印务有限公司
规　　格	184mm×260mm　16开本　8.5印张　207千字
版　　次	2023年10月第1版　2023年10月第1次印刷
印　　数	001—500册
定　　价	60.00元

凡购买我社图书，如有缺页、倒页、脱页的，本社营销中心负责调换

版权所有·侵权必究

前 言

河南省南水北调受水区供水配套工程自动化调度与运行管理决策支持系统（简称"自动化系统"）是利用现代通信、计算机和信息等技术，实现水利信息的存储管理、共享与交换、发布、应用服务等功能于一体的水利数据中心，目前已逐步形成标准、开放的水利信息化基础设施体系和水利信息资源的服务窗口。通过建设资源共享平台，可全面提高水量调度等各项业务的处理能力，充分发挥工程效益。

对自动化系统进行规范、标准、有序的管理和运行维护是保证自动化系统发挥其设计功能的重要环节。本书主要依据国家、行业标准和规范，招投标文件要求以及设备说明书等编写而成，为自动化系统管理和运行维护提供了支撑。本书共11章，主要内容为河南省南水北调受水区供水配套工程机房实体环境、服务器及存储设备、数据库及中间件、桌面及外围设备、不间断电源、计算机网络、通信系统、VTRON DLP 大屏系统、视频安防系统、视频会议系统、门禁系统、通信光缆、应用系统等的运行维护标准。具体编写分工：胡国领编写第1章、第4章、第8章、第10章，刘英杰编写第2章、第3章、第6章、第12章，王海峰编写第5章、第7章、第9章、第11章。

由于编者水平有限，书中难免有疏漏和不妥之处，敬请读者批评指正。

编者

2022年1月

目 录

前言

第1章 机房实体环境运行维护标准 1
  1 适用范围 1
  2 引用规范及标准 1
  3 术语和定义 1
  4 运行维护对象 2
  5 运行维护内容及标准 2
  6 记录及报告格式 8

第2章 服务器及存储设备运行维护标准 20
  1 适用范围 20
  2 引用规范及标准 20
  3 术语和定义 20
  4 运行维护对象 21
  5 运行维护内容及标准 21
  6 记录及报告格式 24

第3章 数据库及中间件运行维护标准 29
  1 适用范围 29
  2 引用规范及标准 29
  3 术语和定义 29
  4 运行维护对象 29
  5 运行维护内容及标准 29
  6 记录及报告格式 33

第4章 桌面及外围设备运行维护标准 38
  1 适用范围 38
  2 引用规范及标准 38
  3 术语和定义 38
  4 运行维护对象 38
  5 运行维护内容及标准 39

| | 6   记录及报告格式 | 44 |

第 5 章　不间断电源运行维护标准 … 51

	1 适用范围	51
	2 引用规范及标准	51
	3 术语和定义	51
	4 运行维护对象	52
	5 运行维护内容及标准	52
	6 记录及报告格式	61

第 6 章　计算机网络运行维护标准 … 74

	1 适用范围	74
	2 引用规范及标准	74
	3 术语和定义	74
	4 运行维护对象	74
	5 运行维护内容及标准	75
	6 记录及报告格式	77

第 7 章　通信系统运行维护标准 … 80

	1 适用范围	80
	2 引用规范及标准	80
	3 术语和定义	80
	4 运行维护对象	81
	5 运行维护内容及标准	81
	6 记录及报告格式	87

第 8 章　VTRON DLP 大屏系统运行维护标准 … 97

	1 适用范围	97
	2 引用规范及标准	97
	3 术语和定义	97
	4 运行维护对象	97
	5 运行维护内容及标准	97
	6 记录及报告格式	98

第 9 章　视频安防系统运行维护标准 … 101

	1 适用范围	101
	2 引用规范及标准	101
	3 术语和定义	101
	4 运行维护对象	101
	5 运行维护内容及标准	101
	6 记录及报告格式	103

第 10 章　视频会议系统运行维护标准 ·· 106
 1　适用范围 ·· 106
 2　引用规范及标准 ··· 106
 3　术语和定义 ·· 106
 4　运行维护对象 ··· 106
 5　运行维护内容及标准 ·· 106
 6　记录及报告格式 ··· 108

第 11 章　门禁系统运行维护标准 ·· 110
 1　适用范围 ·· 110
 2　引用规范及标准 ··· 110
 3　术语和定义 ·· 110
 4　运行维护对象 ··· 110
 5　运行维护内容及标准 ·· 111
 6　记录及报告格式 ··· 112

第 12 章　通信光缆运行维护标准 ·· 115
 1　适用范围 ·· 115
 2　引用规范及标准 ··· 115
 3　术语和定义 ·· 115
 4　运行维护对象 ··· 116
 5　运行维护内容及标准 ·· 116
 6　记录及报告格式 ··· 118

第 13 章　应用系统运行维护标准 ·· 123
 1　适用范围 ·· 123
 2　引用规范及标准 ··· 123
 3　术语和定义 ·· 123
 4　运行维护对象 ··· 123
 5　运行维护内容及标准 ·· 123

第1章 机房实体环境运行维护标准

1 适 用 范 围

本章适用于河南省南水北调受水区供水配套工程自动化调度与运行管理决策支持系统机房实体环境运行维护。

2 引用规范及标准

下列文件对于本章的应用是必不可少的。凡是注日期的引用文件，仅注日期的版本适用于本章。凡是不注日期的引用文件，其最新版本（包括所有的修改单）适用于本章。

GB 50174—2017《电子信息系统机房设备规范》
GB/T 28827.1—2012《信息技术服务 运行维护 第1部分：通用要求》
GB/T 51314—2018《数据中心基础设施运行维护标准》
GB/T 50312—2016《综合布线系统工程验收规范》
YD/T 1821—2008《通信中心机房环境条件要求》
YD/T 2947—2015《通信机房用走线架及走线梯》

3 术语和定义

3.1 综合布线
综合布线是指能够支持电子信息设备相连的各种缆线、跳线、接插软线和连接器组成的系统。

3.2 走线架
走线架是指机房中专门用来安放、固定和整理线缆的装置，通常用于合理布放通信机房中进出的光缆、电缆、数据缆等线缆，使整个机房的布线整齐有序。

3.3 保护接地
保护接地是指以保护人身和设备安全为目的、为了将事故过电压限制在非危险的范围内而使用的接地系统。

3.4 工作接地
工作接地是指用于保证设备（系统）正常运行，正确地实现设备（系统）功能的接地。

3.5 浪涌保护器
浪涌保护器是指用于限制瞬间电压和泄放浪涌电流的电器，它至少包含一个非线性元件，又称电涌保护器。

4 运行维护对象

运行维护对象包括：
(1) 机房实体。
(2) 机房照明。
(3) 走线桥架。
(4) 综合布线。
(5) 防雷接地。
(6) 机房空调。

5 运行维护内容及标准

5.1 机房实体

机房实体运行维护内容包括：
(1) 机房内墙面、顶面和地面。
(2) 机房防静电地板。
(3) 机房孔洞。
(4) 机房安全措施。

机房实体运行维护标准见表1.1。

表1.1 机房实体运行维护标准

维护内容	巡查		检验及测试	
	巡查技术标准	频次	校验及测试技术标准	频次
机房内墙面、顶面和地面	清洁卫生，无灰尘、垃圾和蜘蛛网等	1次/月		
	无破损、无裂缝	1次/月		
	无渗水、无漏水等	1次/月		
	墙上挂图和必要标识完好无损、无丢失	1次/月		
机房防静电地板	地板无松动，地板间缝隙紧密、平整	1次/月	测试接地电阻小于100Ω	1次/季
	地板无破损、无缺失	1次/月		
	等电位接地带无缺失，连接牢固可靠	1次/月		
机房孔洞	机房孔洞密封良好	1次/月		
	防火堵料无变形、龟裂、收缩、裂缝、脱落等破坏情况	1次/月		
	防火隔板平整、厚薄均匀	1次/月		
	防火包尺寸统一、无破损、错层码放整齐	1次/月		

续表

维护内容	巡查		检验及测试	
	巡查技术标准	频次	校验及测试技术标准	频次
机房安全措施	安全通道、安全通道出口畅通,无堆放杂物	1次/月		
	机房防火安全门正常开关,机房门窗处于常闭状态	1次/月		
	设置清洁气体灭火系统的机房,配置专用空气呼吸器或氧气呼吸器	1次/月		
	机房防鼠害和防虫害挡板完好,安装牢固可靠	1次/月		
机房温湿度			测量机房温度	1次/周
			测量机房湿度	1次/周

5.2 机房照明系统

机房照明运行维护内容包括：

（1）照明灯具、开关、线缆。

（2）照明配电箱。

（3）应急灯。

机房照明运行维护标准见表1.2。

表1.2　　　　　　　　机房照明运行维护标准

维护内容	巡查		检验及测试	
	巡查技术标准	频次	校验及测试技术标准	频次
照明灯具、开关、线缆	外表和内里无明显灰尘	1次/月		
	完好无破损	1次/月		
	通过开关能正常、准确控制灯具	1次/月		
	灯具点亮后无闪烁、异响等情况	1次/月		
照明配电箱	外观完好无破损	1次/月	测试保护接地线电阻不大于1Ω	
	外表和内里无明显灰尘	1次/月		
	线缆连接牢靠、无破损	1次/月		
	浪涌保护器指示灯显示绿色,正常	1次/月		
应急灯	外观完好无破损	1次/月	检测应急灯应急照明时间不少于90min,不足90min要及时更换修复	
	外表无明显灰尘	1次/月		
	线缆连接牢靠、无破损	1次/月		
	正常供电时应急灯应为充电状态,灯泡熄灭	1次/月		
	停止供电时应急灯灯泡点亮	1次/月		

5.3 走线桥架

走线桥架运行维护内容包括：

（1）走线桥架外观。

（2）走线桥架安装情况。

走线桥架运行维护标准见表1.3。

表1.3 走线桥架运行维护标准

维护内容	巡查		检验及测试	
	巡查技术标准	频次	校验及测试技术标准	频次
走线桥架外观	外表无明显灰尘	1次/月		
	完好无破损	1次/月		
走线桥架安装情况	安装牢固可靠	1次/月	测试保护接地线电阻不大于1Ω	1次/季
	安装应水平或垂直，无变形压弯、位移等情况	1次/月		
	保护接地线牢固可靠	1次/月		

5.4 综合布线

综合布线运行维护内容包括：

（1）对称电缆。

（2）室内光纤。

（3）楼层配线设备。

综合布线运行维护标准见表1.4。

表1.4 综合布线运行维护标准

维护内容	巡查		检验及测试	
	巡查技术标准	频次	校验及测试技术标准	频次
对称电缆	线缆表面无明显灰尘	1次/季	检验并记录、更新对称电缆占用、空闲台账	1次/季
	双绞线、跳线等标签完整无缺失	1次/季	测试空闲对称电缆正常连通	1次/季
	标签字迹清晰可见	1次/季	测试线缆无短路、无断路	1次/季
	双绞线、跳线等线缆连接牢固可靠，线缆表皮无破损	1次/季		
	线缆无杂物、重物压迫，无其他活动物体摩擦电缆	1次/季		

续表

维护内容	巡查		检验及测试	
	巡查技术标准	频次	校验及测试技术标准	频次
室内光纤	线缆表面无明显灰尘	1次/季	检验并记录、更新室内光纤占用、空闲台账	1次/季
	室内光纤、跳线等标签完整无缺失	1次/季	测试空闲室内光纤正常连通	1次/季
	标签字迹清晰可见	1次/季	测试室内光纤无中断、折断	1次/季
	室内光纤、跳线等线缆连接牢固可靠，线缆表皮无破损	1次/季		
	线缆无杂物、重物压迫，无其他活动物体摩擦电缆	1次/季		
楼层配线设备	连接器、配线架、配线盘、桥架设备表面及各部件无明显灰尘	1次/季	所有可触及的金属零部件与接地点之间的电阻应不大于0.1Ω	1次/季
	连接器和配线架、配线盘接口无堵塞	1次/季		
	连接器和配线架等的标签完整无缺失	1次/季		
	标签字迹清晰可见	1次/季		
	连接器、配线架外观完整、无变形	1次/季		
	桥架外观平整，安装可靠稳固	1次/季		
	桥架盖板完整无缺失，盖板盖合	1次/季		

5.5 防雷接地

防雷接地运行维护内容包括：

（1）接地排。

（2）接地线。

（3）接地电阻。

防雷接地运行维护标准见表1.5。

表1.5 防雷接地运行维护标准

维护内容	巡查		检验及测试	
	巡查技术标准	频次	校验及测试技术标准	频次
接地排	外表无明显灰尘	1次/季		
	无锈蚀	1次/季		
	接地排和接地汇集线表面应无明显伤痕、残余焊渣，安装平整端正，牢固可靠	1次/季		

续表

维护内容	巡查		检验及测试	
	巡查技术标准	频次	校验及测试技术标准	频次
接地线	靠近端子处应设置永久保留的标识,并应标明对端位置	1次/季		
	严禁在接地线中加开开关或熔断器	1次/季		
	接地线的敷设应短直、整齐,多余的线缆应截断,不得盘绕	1次/季		
	接地线在线槽或走线架上绑扎间距应均匀合理,绑扎扣应整齐	1次/季		
	接地线与设备或接地排连接时必须加装铜接线端子,且应压(焊)接牢固	1次/季		
	接线端子尺寸应与接地线径吻合	1次/季		
	接线端子的平面接触部分应平整、无锈蚀、无氧化	1次/季		
	接线端子压(焊)接好后,宜套上黄绿双色的热塑套管,也可缠绕黄绿双色绝缘塑料带	1次/季		
	接线端子与接地排之间应采用镀锌螺栓连接,一个螺栓压接一根地线,连接应美观、可靠,接地排连接处应进行热搪锡处理	1次/季		
接地电阻			测试防雷接地线电阻不大于1Ω	1次/季

5.6 机房空调

机房空调运行维护内容包括:
(1) 室内机。
(2) 机组管路。
(3) 室外机。

5.6.1 室内机

室内机运行维护内容包括运行状况、室内机设备外观、显示屏、电气连接、防雷接地。室内机运行维护标准见表1.6。

表1.6　　　　　　　　空调室内机运行维护标准

维护内容	巡查		检验及测试	
	巡查技术标准	频次	校验及测试技术标准	频次
运行状况	空调室内机制冷功能正常	1次/季	测试吸、排气压力	1次/季
	空调室内机机电加热功能正常	1次/季	测试验证高压保护功能正常	1次/季

续表

维护内容	巡查		检验及测试	
	巡查技术标准	频次	校验及测试技术标准	频次
室内机设备外观	设备表面及内部无明显积灰	1次/季	测试回风温度、相对湿度并校正温度传感器	1次/季
	过滤网无明显积灰	1次/季	测量出风口风速及温度	1次/季
	设备外观漆面无剥落、锈蚀及裂痕	1次/季		
	风机转动部件无灰尘、油污、皮带转动无异常摩擦	1次/季		
显示屏	显示屏正常工作	1次/季		
	显示屏无实时告警信息	1次/季		
	显示屏上各项功能及参数设置正确	1次/季		
电气连接	室内机开关保险、接触器件接触及接头紧固,无松动	1次/季		
	接触器吸合正常,无烧痕	1次/季		
	电路板板件表面无腐蚀	1次/季		
防雷接地	电源防雷器状态指示灯正常(正常:绿色;失效:红色)	1次/季		
	接地线缆敷设平直、整齐	1次/季		
	接地线缆连接牢固、可靠	1次/季		
	接地线缆不得有机械损伤	1次/季		
	接地线缆应使用具有黄绿相间色标的铜质绝缘导线	1次/季		

5.6.2 机组管路

机组管路运行维护内容包括制冷剂管路、排水管管路。机组管路运行维护标准见表1.7。

表1.7　　　　　　　　　机组管路运行维护标准

维护内容	巡查	
	巡查技术标准	频次
制冷剂管路	保温层铺设平整、密实	1次/季
	安装固定,无松动或震动	1次/季
	支撑可靠	1次/季
排水管管路	排泄畅通	1次/季
	无渗漏现象	1次/季
	顺直、固定牢固	1次/季

5.6.3 室外机

室外机运行维护内容包括冷凝器、防雷接地。室外机运行维护标准见表1.8。

表1.8 室外机运行维护标准

维护内容	巡查		检验及测试	
	巡查技术标准	频次	校验及测试技术标准	频次
冷凝器	表面清洁、无明显灰尘	1次/季		
	冷凝器翅片无破损、阻塞、变形	1次/季		
	室外机底座安装紧固，基墩不松动，无风化现象	1次/季		
	风机扇叶转动正常，无灰尘，有无异常抖动摩擦	1次/季		
	冷凝器风道畅通，无杂物影响	1次/季		
防雷接地	接地线缆敷设平直、整齐	1次/季	测试室外机地线与接线排之间的电阻，电阻值应不大于1Ω	1次/季
	接地线缆连接牢固、可靠	1次/季		
	接地线缆不得有机械损伤	1次/季		
	接地线缆应使用具有黄绿相间色标的铜质绝缘导线	1次/季		
	接地线缆应单独与接地排连接，不得串接	1次/季		

6 记录及报告格式

机房实体环境及基础设施运行维护记录分为两种形式：巡查记录表和检验与测试记录表。

6.1 机房实体环境及基础设施巡查记录表

机房实体环境及基础设施巡查记录见表1.9。

表1.9 机房实体环境及基础设施巡查记录表

维护对象	维护内容	巡查技术标准	巡查结果	问题描述	处理结果
机房实体	机房内墙面、顶面和地面	清洁卫生，无灰尘、垃圾和蜘蛛网等	□是 □否		□未处理 □已处理，处理方式： 处理人员： 处理时间：
		无破损、无裂缝	□是 □否		□未处理 □已处理，处理方式： 处理人员： 处理时间：

续表

维护对象	维护内容	巡查技术标准	巡查结果	问题描述	处 理 结 果
机房实体	机房内墙面、顶面和地面	无渗水、无漏水等	□是 □否		□未处理 □已处理，处理方式： 处理人员： 处理时间：
		墙上挂图和必要标识完好无损、无丢失	□是 □否		□未处理 □已处理，处理方式： 处理人员： 处理时间：
	机房防静电地板	地板无松动，地板间缝隙紧密、平整	□是 □否		□未处理 □已处理，处理方式： 处理人员： 处理时间：
		地板无破损、无缺失	□是 □否		□未处理 □已处理，处理方式： 处理人员： 处理时间：
		等电位接地带无缺失，连接牢固、可靠	□是 □否		□未处理 □已处理，处理方式： 处理人员： 处理时间：
	机房孔洞	机房孔洞密封良好	□是 □否		□未处理 □已处理，处理方式： 处理人员： 处理时间：
		防火堵料无变形、龟裂、收缩、裂缝、脱落等破坏情况	□是 □否		□未处理 □已处理，处理方式： 处理人员： 处理时间：
		防火隔板平整、厚薄均匀	□是 □否		□未处理 □已处理，处理方式： 处理人员： 处理时间：
		防火包尺寸统一、无破损、错层码放整齐	□是 □否		□未处理 □已处理，处理方式： 处理人员： 处理时间：
	机房安全措施	安全通道、安全通道出口畅通，无堆放杂物	□是 □否		□未处理 □已处理，处理方式： 处理人员： 处理时间：

续表

维护对象	维护内容	巡查技术标准	巡查结果	问题描述	处 理 结 果
机房实体	机房安全措施	机房防火安全门正常开关，机房门窗处于常闭状态	□是 □否		□未处理 □已处理，处理方式： 处理人员： 处理时间：
		设置清洁气体灭火系统的机房，配置专用空气呼吸器或氧气呼吸器	□是 □否		□未处理 □已处理，处理方式： 处理人员： 处理时间：
		机房防鼠害和防虫害挡板完好，安装牢固可靠	□是 □否		□未处理 □已处理，处理方式： 处理人员： 处理时间：
机房照明	照明灯具、开关、线缆	外表和内里无明显灰尘	□是 □否		□未处理 □已处理，处理方式： 处理人员： 处理时间：
		完好无破损	□是 □否		□未处理 □已处理，处理方式： 处理人员： 处理时间：
		通过开关能正常、准确控制灯具	□是 □否		□未处理 □已处理，处理方式： 处理人员： 处理时间：
		灯具点亮后无闪烁、异响等情况	□是 □否		□未处理 □已处理，处理方式： 处理人员： 处理时间：
	照明配电箱	外观完好无破损	□是 □否		□未处理 □已处理，处理方式： 处理人员： 处理时间：
		外表和内里无明显灰尘	□是 □否		□未处理 □已处理，处理方式： 处理人员： 处理时间：
		线缆连接牢靠、无破损	□是 □否		□未处理 □已处理，处理方式： 处理人员： 处理时间：

续表

维护对象	维护内容	巡查技术标准	巡查结果	问题描述	处 理 结 果
机房照明	照明配电箱	浪涌保护器指示灯显示绿色，正常	□是 □否		□未处理 □已处理，处理方式： 处理人员： 处理时间：
	应急灯	外观完好无破损	□是 □否		□未处理 □已处理，处理方式： 处理人员： 处理时间：
		外表无明显灰尘	□是 □否		□未处理 □已处理，处理方式： 处理人员： 处理时间：
		线缆连接牢靠、无破损	□是 □否		□未处理 □已处理，处理方式： 处理人员： 处理时间：
		正常供电时应急灯应为充电状态，灯泡熄灭	□是 □否		□未处理 □已处理，处理方式： 处理人员： 处理时间：
		停止供电时应急灯灯泡点亮	□是 □否		□未处理 □已处理，处理方式： 处理人员： 处理时间：
机房走线桥架	走线桥架外观	外表无明显灰尘	□是 □否		□未处理 □已处理，处理方式： 处理人员： 处理时间：
		完好无破损	□是 □否		□未处理 □已处理，处理方式： 处理人员： 处理时间：
	走线桥架安装情况	安装牢固可靠	□是 □否		□未处理 □已处理，处理方式： 处理人员： 处理时间：
		安装应水平或垂直，无变形压弯、位移等情况	□是 □否		□未处理 □已处理，处理方式： 处理人员： 处理时间：

11

续表

维护对象	维护内容	巡查技术标准	巡查结果	问题描述	处　理　结　果
机房走线桥架	走线桥架安装情况	保护接地线牢固可靠	□是 □否		□未处理 □已处理，处理方式： 处理人员： 处理时间：
机房防雷接地系统	接地排	外表无明显灰尘	□是 □否		□未处理 □已处理，处理方式： 处理人员： 处理时间：
		无锈蚀	□是 □否		□未处理 □已处理，处理方式： 处理人员： 处理时间：
		接地排和接地汇集线表面应无明显伤痕、残余焊渣，安装平整端正，牢固可靠	□是 □否		□未处理 □已处理，处理方式： 处理人员： 处理时间：
	接地线	靠近端子处应设置永久保留的标识，并应标明对端位置	□是 □否		□未处理 □已处理，处理方式： 处理人员： 处理时间：
		严禁在接地线中加开开关或熔断器	□是 □否		□未处理 □已处理，处理方式： 处理人员： 处理时间：
		接地线的敷设应短直、整齐，多余的线缆应截断，不得盘绕	□是 □否		□未处理 □已处理，处理方式： 处理人员： 处理时间：
		接地线在线槽或走线架上绑扎间距应均匀合理，绑扎扣应整齐	□是 □否		□未处理 □已处理，处理方式： 处理人员： 处理时间：
		接地线与设备或接地排连接时必须加装铜接线端子，且应压（焊）接牢固	□是 □否		□未处理 □已处理，处理方式： 处理人员： 处理时间：
		接线端子尺寸应与接地线径吻合	□是 □否		□未处理 □已处理，处理方式： 处理人员： 处理时间：

续表

维护对象	维护内容	巡查技术标准	巡查结果	问题描述	处 理 结 果
机房防雷接地系统	接地线	接线端子的平面接触部分应平整、无锈蚀、无氧化	□是 □否		□未处理 □已处理，处理方式： 处理人员： 处理时间：
		接线端子压（焊）接好后，宜套上黄绿双色的热塑套管，也可缠绕黄绿双色绝缘塑料带	□是 □否		□未处理 □已处理，处理方式： 处理人员： 处理时间：
		接线端子与接地排之间应采用镀锌螺栓连接，一个螺栓压接一根地线，连接应美观、可靠，接地排连接处应进行热搪锡处理	□是 □否		□未处理 □已处理，处理方式： 处理人员： 处理时间：
机房综合布线	对称电缆	线缆表面无明显灰尘	□是 □否		□未处理 □已处理，处理方式： 处理人员： 处理时间：
		双绞线、跳线等标签完整无缺失	□是 □否		□未处理 □已处理，处理方式： 处理人员： 处理时间：
		标签字迹清晰可见	□是 □否		□未处理 □已处理，处理方式： 处理人员： 处理时间：
		双绞线、跳线等线缆连接牢固可靠，线缆表皮无破损	□是 □否		□未处理 □已处理，处理方式： 处理人员： 处理时间：
		线缆无杂物、重物压迫，无其他活动物体摩擦电缆	□是 □否		□未处理 □已处理，处理方式： 处理人员： 处理时间：
	室内光纤	线缆表面无明显灰尘	□是 □否		□未处理 □已处理，处理方式： 处理人员： 处理时间：
		室内光纤、跳线等标签完整无缺失	□是 □否		□未处理 □已处理，处理方式： 处理人员： 处理时间：

续表

维护对象	维护内容	巡查技术标准	巡查结果	问题描述	处 理 结 果
机房综合布线	室内光纤	标签字迹清晰可见	□是 □否		□未处理 □已处理，处理方式： 处理人员： 处理时间：
		室内光纤、跳线等线缆连接牢固可靠，线缆表皮无破损	□是 □否		□未处理 □已处理，处理方式： 处理人员： 处理时间：
		线缆无杂物、重物压迫，无其他活动物体摩擦电缆	□是 □否		□未处理 □已处理，处理方式： 处理人员： 处理时间：
	楼层配线设备	连接器、配线架、配线盘、桥架设备表面及各部件无明显灰尘	□是 □否		□未处理 □已处理，处理方式： 处理人员： 处理时间：
		连接器和配线架、配线盘接口无堵塞	□是 □否		□未处理 □已处理，处理方式： 处理人员： 处理时间：
		连接器和配线架等的标签完整无缺失	□是 □否		□未处理 □已处理，处理方式： 处理人员： 处理时间：
		标签字迹清晰可见	□是 □否		□未处理 □已处理，处理方式： 处理人员： 处理时间：
		连接器、配线架外观完整、无变形	□是 □否		□未处理 □已处理，处理方式： 处理人员： 处理时间：
		桥架外观平整，安装可靠稳固	□是 □否		□未处理 □已处理，处理方式： 处理人员： 处理时间：
		桥架盖板完整无缺失，盖板盖合	□是 □否		□未处理 □已处理，处理方式： 处理人员： 处理时间：

续表

维护对象	维护内容	巡查技术标准	巡查结果	问题描述	处 理 结 果
机房空调室内机	运行状况	空调室内机制冷功能正常	□是 □否		□未处理 □已处理，处理方式： 处理人员： 处理时间：
		空调室内机机电加热功能正常	□是 □否		□未处理 □已处理，处理方式： 处理人员： 处理时间：
	室内机设备外观	设备表面及内部无明显积灰	□是 □否		□未处理 □已处理，处理方式： 处理人员： 处理时间：
		过滤网无明显积灰	□是 □否		□未处理 □已处理，处理方式： 处理人员： 处理时间：
		设备外观漆面无剥落、锈蚀及裂痕	□是 □否		□未处理 □已处理，处理方式： 处理人员： 处理时间：
		风机转动部件无灰尘、油污，皮带转动无异常摩擦	□是 □否		□未处理 □已处理，处理方式： 处理人员： 处理时间：
	显示屏	显示屏正常工作	□是 □否		□未处理 □已处理，处理方式： 处理人员： 处理时间：
		显示屏无实时告警信息	□是 □否		□未处理 □已处理，处理方式： 处理人员： 处理时间：
		显示屏上各项功能及参数设置正确	□是 □否		□未处理 □已处理，处理方式： 处理人员： 处理时间：
	电气连接	室内机开关保险、接触器件接触及接头紧固，无松动	□是 □否		□未处理 □已处理，处理方式： 处理人员： 处理时间：

续表

维护对象	维护内容	巡查技术标准	巡查结果	问题描述	处 理 结 果
机房空调室内机	电气连接	接触器吸合正常，无烧痕	□是 □否		□未处理 □已处理，处理方式： 处理人员： 处理时间：
		电路板板件表面无腐蚀	□是 □否		□未处理 □已处理，处理方式： 处理人员： 处理时间：
	防雷接地	电源防雷器状态指示灯显示绿色	□是 □否		□未处理 □已处理，处理方式： 处理人员： 处理时间：
		接地线缆敷设平直、整齐	□是 □否		□未处理 □已处理，处理方式： 处理人员： 处理时间：
		接地线缆连接牢固、可靠	□是 □否		□未处理 □已处理，处理方式： 处理人员： 处理时间：
		接地线缆不得有机械损伤	□是 □否		□未处理 □已处理，处理方式： 处理人员： 处理时间：
		接地线缆应使用具有黄绿相间色标的铜质绝缘导线	□是 □否		□未处理 □已处理，处理方式： 处理人员： 处理时间：
机房空调机组管路	制冷剂管路	保温层铺设平整、密实	□是 □否		□未处理 □已处理，处理方式： 处理人员： 处理时间：
		安装固定，无松动或震动	□是 □否		□未处理 □已处理，处理方式： 处理人员： 处理时间：
		支撑可靠	□是 □否		□未处理 □已处理，处理方式： 处理人员： 处理时间：

续表

维护对象	维护内容	巡查技术标准	巡查结果	问题描述	处理结果
机房空调机组管路	排水管管路	排泄畅通	□是 □否		□未处理 □已处理,处理方式: 处理人员: 处理时间:
		无渗漏现象	□是 □否		□未处理 □已处理,处理方式: 处理人员: 处理时间:
		顺直、固定牢固	□是 □否		□未处理 □已处理,处理方式: 处理人员: 处理时间:
机房空调室外机	冷凝器	表面清洁、无明显灰尘	□是 □否		□未处理 □已处理,处理方式: 处理人员: 处理时间:
		冷凝器翅片无破损、阻塞、变形	□是 □否		□未处理 □已处理,处理方式: 处理人员: 处理时间:
		室外机底座安装紧固,基墩不松动,无风化现象	□是 □否		□未处理 □已处理,处理方式: 处理人员: 处理时间:
		风机扇叶转动正常,无灰尘、有无异常抖动摩擦	□是 □否		□未处理 □已处理,处理方式: 处理人员: 处理时间:
		冷凝器风道畅通,无杂物影响	□是 □否		□未处理 □已处理,处理方式: 处理人员: 处理时间:
	防雷接地	接地线缆敷设平直、整齐	□是 □否		□未处理 □已处理,处理方式: 处理人员: 处理时间:
		接地线缆连接牢固、可靠	□是 □否		□未处理 □已处理,处理方式: 处理人员: 处理时间:

续表

维护对象	维护内容	巡查技术标准	巡查结果	问题描述	处理结果
机房空调室外机	防雷接地	接地线缆不得有机械损伤	□是 □否		□未处理 □已处理，处理方式： 处理人员： 处理时间：
		接地线缆应使用具有黄绿相间色标的铜质绝缘导线	□是 □否		□未处理 □已处理，处理方式： 处理人员： 处理时间：
		接地线缆应单独与接地排连接，不得串接	□是 □否		□未处理 □已处理，处理方式： 处理人员： 处理时间：

6.2 机房实体环境及基础设施检验与测试记录表

机房实体环境及基础设施检验与测试记录见表1.10。

表1.10　　　　机房实体环境及基础设施检验与测试记录表

维护内容		检验及测试	测试结果
		校验及测试技术标准	
机房实体	机房防静电地板	测试机房静电地板接地电阻小于100Ω	
	机房温湿度	测量机房温度，温度	
		测量机房湿度，湿度	
机房照明	照明配电箱	保护接地线电阻不大于1Ω	
	应急灯	检测应急灯应急照明时间不少于90min，不足90min要及时更换修复	
机房走线桥架	走线桥架安装情况	测试保护接地线电阻不大于1Ω	
机房防雷接地系统	接地电阻	测试防雷接地线电阻不大于1Ω	
机房综合布线	对称电缆	检验并记录、更新对称电缆占用、空闲台账	
		测试空闲对称电缆正常连通	
		测试线缆无短路、无断路	
	室内光纤	检验并记录、更新室内光纤占用、空闲台账	
		测试空闲室内光纤正常连通	
		测试室内光纤无中断、折断	
	楼层配线设备	所有可触及的金属零部件与接地点之间的电阻应不大于0.1Ω	

续表

维 护 内 容		检 验 及 测 试	测试结果
		校验及测试技术标准	
机房空调室内机	运行状况	测试吸、排气压力	
		测试验证高压保护功能正常	
		测试回风温度、相对温度并校正温度传感器	
		测量出风口风速及温度	
机房空调室外机	防雷接地	测试室外机地线与接线排之间的电阻,电阻值应不大于1Ω	

第 2 章　服务器及存储设备运行维护标准

1　适 用 范 围

本章运行维护标准适用于河南省南水北调受水区供水配套工程自动化调度与运行管理决策支持系统机房实体环境运行维护。

2　引用规范及标准

下列文件对于本章的应用是必不可少的。凡是注日期的引用文件，仅注日期的版本适用于本章。凡是不注日期的引用文件，其最新版本（包括所有的修改单）适用于本章。

GB/T 28827.1—2012《信息技术服务　运行维护　第 1 部分：通用要求》
GB/T 28827.2—2012《信息技术服务　运行维护　第 2 部分：交付规范》
GB/T 28827.4—2012《信息技术服务　运行维护　第 4 部分：数据中心服务规范》

3　术 语 和 定 义

3.1　服务器
服务器是信息系统的主要组成部分，是信息系统中为客户端提供特定服务的高性能计算机系统，由硬件系统（如处理器、存储设备、网络连接设备等）和软件系统组成。

3.2　磁盘阵列
磁盘阵列（redundant arrays of independent disks，RAID）是指由很多块独立的磁盘，组合成一个容量巨大的磁盘组，利用个别磁盘提供数据所产生加成效果提升整个磁盘系统效能。

3.3　光纤交换机
光纤交换机是一种高速的网络传输中继设备，主要在通信系统中完成信息交换功能。

3.4　例行维护
例行维护是指运行维护方日常提供的服务，包括巡检、监控、备份和测试等。

3.5　响应支持
响应支持是指运行维护方对服务请求或故障申报提供的即时服务，如突发事件处理。

3.6　优化改善
优化改善是指运行维护方对运行维护服务对象提供功能和性能的调优服务。

4 运行维护对象

运行维护对象包括：
（1）服务器。
（2）存储设备。

5 运行维护内容及标准

5.1 服务器

服务器运行维护内容包括：
（1）例行维护。
（2）响应支持。
（3）优化改善。

5.1.1 例行维护内容及质量标准

服务器例行维护内容包括设备运行状态维护、性能指标维护。服务器例行维护标准见表2.1。

表 2.1　　　　　　　　　　服务器例行维护标准

维护内容		巡查		检验及测试	
		巡查技术标准	频次	校验及测试技术标准	频次
服务器设备运行状态	存放设备机柜	固定牢固	1次/月		
		柜门无破损、正常开启、关闭	1次/月		
		柜内设备线缆规整无杂乱	1次/月		
	设备安装情况	设备安装位置与设备登记表、机柜部署图一致	1次/月		
		设备安装牢固可靠	1次/月		
	设备外观、清洁情况	外观完整无损坏	1次/月		
		表面无积灰，内部各部件无明显积灰	1次/月		
		无进水痕迹	1次/月		
	设备R平（显示面板及指示灯）	设备面板无错误信息	1次/月		
		指示灯无异常	1次/月		
	设备电源、硬盘、风扇、板卡工作状态指示灯	指示灯绿色为正常	1次/月		
			1次/月		
	设备物理线路连接及标签情况	线路接头连接牢固	1次/月		
		标签清晰可读	1次/月		

续表

维护内容		巡查		检验及测试	
		巡查技术标准	频次	校验及测试技术标准	频次
服务器性能指标	CPU性能			CPU利用率不超过90%	1次/月
	内存性能			内存利用率不超过90%	1次/月
	磁盘性能			磁盘繁忙率不超过80%	1次/月
	网络性能			出带宽和入带宽利用率不超过85%	1次/月
	链路性能			链路状态为Online状态，链路正常	1次/月
	文件系统性能			每月定期清理磁盘空间，文件系统空间利用率不超过85%	1次/月

5.1.2 响应支持

响应支持内容如下：

(1) 故障处理类响应。

1) 服务器操作系统维护。

2) 更换、修复故障部件。

3) 损坏文件修复。

4) 网络故障修复。

(2) 服务处理类响应。

1) 服务器系统参数调整。

2) 其他服务响应。

5.1.3 优化改善

服务器设备的优化改善应包括但不限于以下内容：

(1) 对服务器内存、内核参数、硬盘RAID配置、网络冗余等服务资源调整。

(2) 对存储磁盘容量、CPU个数、内存容量、本地磁盘容量、网卡等物理资源的调整、扩容或升级。

5.2 存储设备

存储设备运行维护对象包括磁盘阵列和光纤交换机。维护内容包括：

(1) 例行维护。

(2) 响应支持。

(3) 优化改善。

5.2.1 例行维护

存储设备例行维护标准见表2.2。

表 2.2 存储设备例行维护标准

维护内容		巡查		检验及测试	
		巡查技术标准	频次	校验及测试技术标准	频次
磁盘阵列	硬件工作状态	无硬件报错	1次/月		
		无系统告警	1次/月		
		主机无 Unknown 状态	1次/月		
		磁盘空间利用率不超过80%			
	存储软件维护	软件无 Error 等故障提示	1次/月		
		存储日志无 Error/Warning 报错信息	1次/月		
		储存 RAID 级别为 RAID0/1/5	1次/月		
		每月保存配置文件备份	1次/月		
	存储磁盘读写维护			Write cache 处于开启状态	
				磁盘读写正常	1次/月
				检查 I/O 读写速率未超过80%	1次/月
				检查读写缓存分配比例情况	
				检查读写命中率情况，读写正常	1次/月
	链接情况			端口可访问	1次/月
				端口速率不低于8Gb/s	1次/月
				主机链路无 Unknown 状态	1次/月
光纤交换机	光纤交换机运行状态	无故障灯	1次/月		
		运行无计划外重启	1次/月		
		所有部件均为 Healthy 状态	1次/月		
		日志无 Error/Warning 等报错信息			
	光纤交换机配置	无错误配置	1次/月		
		配置信息已保存	1次/月		
		Fabric 信息与系统配置相符	1次/月		
		Zoning 配置信息与系统配置相符	1次/月		
	光纤交换机端口维护	在用端口为 UP 状态	1次/月		
		端口错误统计无错误信息	1次/月		
				端口速率不低于2/4/8Gb/s	1次/月

5.2.2 响应支持

针对由于硬件或软件故障引起的业务中断或运行效率无法满足正常运行要求，而进行的响应服务。

(1) 磁盘阵列。包括但不限于以下情况：

1) 磁盘阵列重启、配置文件重新设置、操作系统恢复、更换故障部件、数据修复等。

2) 搬迁、扩容、新增主机存储分配等。

(2) 光纤交换机。包括但不限于以下情况：

1) 重启、更换部件、配置文件更新及保存等。

2) 搬迁、扩容等。

5.2.3 优化改善

优化改善是依据存储的特点和运行情况，有针对性地进行优化调整。

(1) 磁盘阵列。包括以下内容但不限于以下情况：

1) 存储管理软件补丁安装、数据清理等。

2) RAID 保护级别、逻辑盘容量、分配主机、读写 cache 比例、cache 容量等调整。

3) 硬盘、控制器、光纤模块等升级。

(2) 光纤交换机。

1) 光纤交换机 ZONE 规划调整。

2) 光纤交换机光纤模块升级。

3) 光纤交换机的升级换代。

6 记录及报告格式

6.1 服务器及存储设备巡查记录表

服务器及存储设备巡查记录见表 2.3。

表 2.3　　　　　　服务器及存储设备巡查记录表

维护对象	维护内容	巡查技术标准	巡查结果	问题描述	处理结果
服务器	存放设备机柜	固定牢固	□是 □否		□未处理 □已处理，处理方式： 处理人员： 处理时间：
		柜门无破损，正常开启、关闭	□是 □否		□未处理 □已处理，处理方式： 处理人员： 处理时间：
		柜内设备线缆规整无杂乱	□是 □否		□未处理 □已处理，处理方式： 处理人员： 处理时间：

续表

维护对象	维护内容	巡查技术标准	巡查结果	问题描述	处理结果
服务器	设备安装情况	设备安装位置与设备登记表、机柜部署图一致	□是 □否		□未处理 □已处理，处理方式： 处理人员： 处理时间：
		设备安装牢固可靠	□是 □否		□未处理 □已处理，处理方式： 处理人员： 处理时间：
	设备外观、清洁情况	外观完整无损坏	□是 □否		□未处理 □已处理，处理方式： 处理人员： 处理时间：
		表面无积灰，内部各部件无明显积灰	□是 □否		□未处理 □已处理，处理方式： 处理人员： 处理时间：
		无进水痕迹	□是 □否		□未处理 □已处理，处理方式： 处理人员： 处理时间：
	设备R平（显示面板及指示灯）	设备面板无错误信息	□是 □否		□未处理 □已处理，处理方式： 处理人员： 处理时间：
		指示灯无异常	□是 □否		□未处理 □已处理，处理方式： 处理人员： 处理时间：
	设备电源、硬盘、风扇、板卡工作状态指示灯	指示灯绿色为正常	□是 □否		□未处理 □已处理，处理方式： 处理人员： 处理时间：
	设备物理线路连接及标签情况	线路接头连接牢固	□是 □否		□未处理 □已处理，处理方式： 处理人员： 处理时间：
		标签清晰可读	□是 □否		□未处理 □已处理，处理方式： 处理人员： 处理时间：

续表

维护对象	维护内容	巡查技术标准	巡查结果	问题描述	处 理 结 果
磁盘阵列	硬件工作状态	无硬件报错	□是 □否		□未处理 □已处理,处理方式: 处理人员: 处理时间:
		无系统告警	□是 □否		□未处理 □已处理,处理方式: 处理人员: 处理时间:
		主机无 Unknown 状态	□是 □否		□未处理 □已处理,处理方式: 处理人员: 处理时间:
		磁盘空间利用率不超过 80%	□是 □否		□未处理 □已处理,处理方式: 处理人员: 处理时间:
	存储软件维护	软件无 Error 等故障提示	□是 □否		□未处理 □已处理,处理方式: 处理人员: 处理时间:
		存储日志无 Error/Warning 报错信息			
		储存 RAID 级别为 RAID 0/1/5	□是 □否		□未处理 □已处理,处理方式: 处理人员: 处理时间:
		每月保存配置文件备份	□是 □否		□未处理 □已处理,处理方式: 处理人员: 处理时间:
光纤交换机	光纤交换机运行状态	无故障灯	□是 □否		□未处理 □已处理,处理方式: 处理人员: 处理时间:
		运行无计划外重启	□是 □否		□未处理 □已处理,处理方式: 处理人员: 处理时间:
		所有部件均为 Healthy 状态	□是 □否		□未处理 □已处理,处理方式: 处理人员: 处理时间:

续表

维护对象	维护内容	巡查技术标准	巡查结果	问题描述	处理结果
光纤交换机	光纤交换机运行状态	日志无 Error、Warning 等报错信息	□是 □否		□未处理 □已处理，处理方式： 处理人员： 处理时间：
	光纤交换机配置	无错误配置			
		配置信息已保存	□是 □否		□未处理 □已处理，处理方式： 处理人员： 处理时间：
		Fabric 信息与系统配置相符	□是 □否		□未处理 □已处理，处理方式： 处理人员： 处理时间：
		Zoning 配置信息与系统配置相符	□是 □否		□未处理 □已处理，处理方式： 处理人员： 处理时间：
	光纤交换机端口	在用端口为 UP 状态			
		端口错误统计无错误信息	□是 □否		□未处理 □已处理，处理方式： 处理人员： 处理时间：

6.2 服务器及存储设备检验与测试记录表

服务器及存储设备检验与测试记录见表 2.4。

表 2.4　　　　服务器及存储设备检验与测试记录表

维护对象	维护内容	检验及测试	测试结果
		校验及测试技术标准	
服务器性能	CPU 性能	CPU 利用率不超过 90%	
	内存性能	内存利用率不超过 90%	
	磁盘性能	磁盘繁忙率不超过 80%	
	网络性能	出带宽和入带宽利用率不超过 85%	
	链路性能	链路状态为 Online 状态，链路正常	
	文件系统性能	每月定期清理磁盘空间，文件系统空间利用率不超过 85%	
磁盘阵列	磁盘阵列读写	Write cache 处于开启状态	
		磁盘读写正常	
		检查 I/O 读写速率未超过 80%	
		检查读写缓存分配比例情况	
		检查读写命中率情况，读写正常	

续表

维护对象	维护内容	检验及测试	测试结果
		校验及测试技术标准	
磁盘阵列	磁盘阵列链接	端口可访问	
		端口速率不低于 8Gb/s	
		主机链路无 Unknown 状态	
光纤交换机	光纤交换机端口	端口速率不低于 2/4/8Gb/s	

第3章 数据库及中间件运行维护标准

1 适 用 范 围

本章运行维护标准适用于河南省南水北调受水区供水配套工程自动化调度与运行管理决策支持系统数据库及中间软件运行维护工作。

2 引用规范及标准

下列文件对于本章的应用是必不可少的。凡是注日期的引用文件，仅注日期的版本适用于本章。凡是不注日期的引用文件，其最新版本（包括所有的修改单）适用于本章。

GB/T 28827.1—2012《信息技术服务 运行维护 第1部分：通用要求》
GB/T 28827.2—2012《信息技术服务 运行维护 第2部分：交付规范》
GB/T 28827.4—2012《信息技术服务 运行维护 第4部分：数据中心服务规范》

3 术语和定义

3.1 数据库
数据库是指存储在计算机外存设备或网络存储设备上的结构化的相关数据集合。

3.2 中间件
中间件是指介于应用系统和系统软件之间的一类软件，它使用系统软件所提供的基础服务（功能），衔接网络上应用系统的各个部分或不同的应用，能够达到资源共享、功能共享的目的。

4 运行维护对象

运行维护对象包括：
（1）数据库。
（2）中间件。

5 运行维护内容及标准

5.1 数据库
数据库运行维护内容包括：

(1) 例行维护。

(2) 响应支持。

(3) 优化改善。

5.1.1 例行维护

数据库例行维护内容主要包括数据库运行状态维护、数据库表维护、数据库备份、数据库日志维护、数据库安全性。数据库例行维护标准见表 3.1。

表 3.1　　　　　　　　　　数据库例行维护标准

维护对象	维护内容		巡查		检验及测试	
			巡查技术标准	频次	校验及测试技术标准	频次
数据库	运行状态维护	实例可用性	实例状态为 Open	1次/季		
		监听器可用性	监听器状态为 Ready	1次/季		
		业务锁情况	业务锁无死锁	1次/季		
		检查失效的对象	无新增失效对象	1次/季		
		业务 CPU 利用率	业务 CPU 利用率不超过 90%	1次/季		
		业务内存利用率	业务内存利用率不超过 90%	1次/季		
		主要进程运行状态	存在以下进程：PMON-Process Monitor Process 进程监控进程 SMON-System Monitor Process；DBWn-Database Write Process；LGWR-Log Write Process；CKPT-Checkpoint Process	1次/季		
					侦听连接正常性测试	连接测试成功	1次/季
					测试数据库正常登录	能够正常登录数据库	1次/季
					测试 SQL 执行正常性	数据库命令执行成功	1次/季
					测试表空间正常访问	访问成功	1次/季
					测试表读正常性	可以读	1次/季
					测试客户端连接	客户端软件能够连接到数据库	1次/季
					测试定时任务的执行其概况	定时任务执行成功	1次/季

续表

维护对象	维护内容	巡查		检验及测试	
		巡查技术标准	频次	校验及测试技术标准	频次
数据库	运行状态维护			承载数据库的IP地址和服务端口状态	IP地址能ping通，1521默认端口开放	1次/季
	数据库表维护	I/O情况	Idle值大于20%，Iqwait值不超过70%	1次/季		
		业务会话数	不超过限定值网90%	1次/季		
		检查碎片程度高的表	≤20	1次/季		
		Buffer命中率	>90%	1次/季		
		SGA\PGA命中率	>90%	1次/季		
				1次/季		
		表空间的使用情况	≤90%	1次/季		
		回滚段的状态	未出现Offline	1次/季		
	数据库备份	日常备份完成情况	备份集的日期明确	1次/季		
	数据库日志维护	Alert日志、Listener等日志	无Ora报错	1次/季		
		数据库日志异常情况	日志组正常切换	1次/季		
		过期归档日志清除	查看归档日志的状态，删除数据库中的过期归档日志	1次/季		
	数据库安全性	数据库数据安全性	满足用户对数据安全需要	1次/季		
		运行版本安全风险	已安装官方推荐的补丁	1次/季		

5.1.2 响应支持

响应支持内容包括但不限于以下内容：

（1）故障处理类。

1）数据库重启、数据库侦听重启。

2）数据库解锁。

3）数据库备份恢复。

4）数据库文件坏块修复。

（2）服务处理类。

1）数据库版本升级。

2) 数据库用户创建、权限分配等。

3) 数据清理、维护、移植等。

4) 数据库灾难恢复。

5.1.3 优化改善

优化改善内容包括但不限于以下内容：

1) 数据库参数调整、数据库资源使用调整、数据库备份策略调整等。

2) 数据库补丁升级。

3) CPU 个数、内存容量、数据库表空间容量增加等。

5.2 中间件

中间件维护内容包括：

（1）例行维护。

（2）响应支持。

（3）优化改善。

5.2.1 例行维护

中间件例行维护内容包括但不限于运行服务器维护、中间件运行状态维护、中间件日志及版本维护。中间件例行维护标准见表 3.2。

表 3.2　　　　　　　　　　中间件例行维护标准

维护对象	维护内容		巡查		检验及测试	
			巡查技术标准	频次	校验及测试技术标准	频次
中间件	中间件运行服务器	服务器 CPU、内存使用情况	≤90%	1次/月		
		服务器会话连接数情况	<500 次	1次/月		
	中间件运行状态	JVM 内存溢出情况	内存无溢出	1次/月		
		中间件主要进程状态	存在进程	1次/月		
		中间件总连接数、当前连接数、最高连接数	当前连接数不超过最大连接数	1次/月		
		中间件服务可用性	可以访问控制台页面	1次/月		
					测试连接正常性	WebLogic 控制台可正常连接	1次/月
					中间件通信网络连接情况	可以 ping 通	

续表

维护对象	维护内容		巡查		检验及测试	
			巡查技术标准	频次	校验及测试技术标准	频次
中间件	中间件日志及版本维护	中间件运行日志	日志信息中无 Error 错误信息	1次/月		
		中间件过期日志清除	中间件日志大小不超过 50MB	1次/月		
		当前中间件版本相关风险补丁安装情况	已安装官方推荐的补丁	1次/月		
		备份配置文件、概要文件、重要运行日志	定期备份	1次/月		

5.2.2 响应支持

响应支持维护内容包括故障类响应和服务处理类响应，但不限于以下内容：

（1）故障类。故障类响应内容包括但不限于：

1）程序恢复。

2）配置文件恢复。

3）应用服务的重启。

（2）服务处理类。服务处理类响应内容包括但不限于以下内容：

1）中间件服务器更换。

2）其他服务类。

5.2.3 优化改善

优化改善维护内容包括但不限于以下内容：

1）数据库参数、连接池参数、操作系统参数等调整。

2）中间件版本升级。

6 记录及报告格式

6.1 数据库及中间件巡查记录表

数据库及中间件巡查记录见表3.3。

表3.3　　　　　　　　数据库及中间件巡查记录表

维护对象	维护内容		巡查技术标准	巡查结果	问题描述	处理结果
数据库	运行状态	实例可用性	实例状态为 Open	□是 □否		□未处理 □已处理，处理方式： 处理人员： 处理时间：

续表

维护对象	维护内容		巡查技术标准	巡查结果	问题描述	处 理 结 果
数据库	运行状态	监听器可用性	监听器状态为 Ready	□是 □否		□未处理 □已处理，处理方式： 处理人员： 处理时间：
		业务锁情况	业务锁无死锁	□是 □否		□未处理 □已处理，处理方式： 处理人员： 处理时间：
		检查失效的对象	无新增失效对象	□是 □否		□未处理 □已处理，处理方式： 处理人员： 处理时间：
		业务CPU利用率	业务CPU利用率不超过90%	□是 □否		□未处理 □已处理，处理方式： 处理人员： 处理时间：
		业务内存利用率	业务内存利用率不超过90%	□是 □否		□未处理 □已处理，处理方式： 处理人员： 处理时间：
		主要进程运行状态	存在以下进程：PMON-Process Monitor Process 进程监控进程 SMON-System Monitor Process；DBWn-Database Write Process；LGWR-Log Write Process；CKPT-Checkpoint Process	□是 □否		□未处理 □已处理，处理方式： 处理人员： 处理时间：
	数据表维护	I/O情况	Idle值大于20%，Iqwait值不超过70%	□是 □否		□未处理 □已处理，处理方式： 处理人员： 处理时间：
		业务会话数	不超过限定值网90%	□是 □否		□未处理 □已处理，处理方式： 处理人员： 处理时间：
		检查碎片程度高的表	≤20	□是 □否		□未处理 □已处理，处理方式： 处理人员： 处理时间：
		Buffer命中率	>90%	□是 □否		□未处理 □已处理，处理方式： 处理人员： 处理时间：

续表

维护对象	维护内容	巡查技术标准	巡查结果	问题描述	处理结果
数据库	数据表维护	SGA \ PGA 命中率	>90%	□是 □否		□未处理 □已处理,处理方式: 处理人员: 处理时间:
		表空间的使用情况	≤90%	□是 □否		□未处理 □已处理,处理方式: 处理人员: 处理时间:
		回滚段的状态	未出现 Offline	□是 □否		□未处理 □已处理,处理方式: 处理人员: 处理时间:
	数据库备份	日常备份完成情况	备份集的日期明确	□是 □否		□未处理 □已处理,处理方式: 处理人员: 处理时间:
	数据库日志	Alert 日志、Listener 等日志	无 Ora 报错	□是 □否		□未处理 □已处理,处理方式: 处理人员: 处理时间:
		数据库日志异常情况	日志组正常切换	□是 □否		□未处理 □已处理处理方式: 处理人员: 处理时间:
		过期归档日志清除	查看归档日志的状态,删除数据库中的过期归档日志	□是 □否		□未处理 □已处理,处理方式: 处理人员: 处理时间:
	数据库安全性	数据库数据安全性	满足用户对数据安全需要	□是 □否		□未处理 □已处理,处理方式: 处理人员: 处理时间:
		运行版本安全风险	已安装官方推荐的补丁	□是 □否		□未处理 □已处理,处理方式: 处理人员: 处理时间:
中间件	中间件服务器	服务器 CPU、内存使用情况	≤90%	□是 □否		□未处理 □已处理,处理方式: 处理人员: 处理时间:

续表

维护对象	维护内容		巡查技术标准	巡查结果	问题描述	处理结果
中间件	中间件服务器	服务器会话连接数情况	<500次	□是 □否		□未处理 □已处理，处理方式： 处理人员： 处理时间：
	中间件运行状态	JVM内存溢出情况	内存无溢出	□是 □否		□未处理 □已处理，处理方式： 处理人员： 处理时间：
		中间件主要进程状态	存在进程	□是 □否		□未处理 □已处理，处理方式： 处理人员： 处理时间：
		中间件总连接数、当前连接数、最高连接数	当前连接数不超过最大连接数	□是 □否		□未处理 □已处理，处理方式： 处理人员： 处理时间：
		中间件服务可用性	可以访问控制台页面	□是 □否		□未处理 □已处理，处理方式： 处理人员： 处理时间：
	中间件日志及版本维护	中间件运行日志	日志信息中无Error错误信息	□是 □否		□未处理 □已处理，处理方式： 处理人员： 处理时间：
		中间件过期日志清除	中间件日志大小不超过50MB	□是 □否		□未处理 □已处理，处理方式： 处理人员： 处理时间：
		当前中间件版本相关风险补丁安装情况	已安装官方推荐的补丁	□是 □否		□未处理 □已处理处理方式： 处理人员： 处理时间：
		备份配置文件、概要文件、重要运行日志	定期备份	□是 □否		□未处理 □已处理，处理方式： 处理人员： 处理时间：

6.2 数据库及中间件检验与测试记录表

数据库及中间件检验与测试记录见表3.4。

表 3.4　　　　　　　　　　数据库及中间件检验与测试记录表

维护对象	维护内容		检 验 及 测 试	测试结果
			校验及测试技术标准	
数据库	运行状态	侦听连接正常性测试	连接测试成功	
		测试数据库正常登录	能够正常登录数据库	
		测试 SQL 执行正常性	数据库命令执行成功	
		测试表空间正常访问	访问成功	
		测试表读正常性	可以读	
		测试客户端连接	客户端软件能够连接到数据库	
		测试定时任务的执行其概况	定时任务执行成功	
		承载数据库的 IP 地址和服务端口状态	IP 地址能 ping 通，1521 默认端口开放	
中间件	运行状态	测试连接正常性	WebLogic 控制台可正常连接	
		中间件通信网络连接情况	可以 ping 通	

第4章　桌面及外围设备运行维护标准

1　适 用 范 围

本章运行维护标准适用于河南省南水北调受水区供水配套工程自动化调度与运行管理决策支持系统桌面及外围设备运行维护。

2　引用规范及标准

下列文件对于本章的应用是必不可少的。凡是注日期的引用文件，仅注日期的版本适用于本章。凡是不注日期的引用文件，其最新版本（包括所有的修改单）适用于本章。

GB/T 28827.1—2012《信息技术服务　运行维护　第1部分：通用要求》
GB/T 28827.2—2012《信息技术服务　运行维护　第2部分：交付规范》
SJ/T 11564.5—2017《信息技术服务　运行维护　第5部分：桌面及外围设备规范》

3　术 语 和 定 义

3.1　桌面及外围设备
桌面及外围设备是指具备计算、输入输出、数据通信、数据存储中一项或多项功能，被用于管理和使用信息系统应用的终端设备。

3.2　终端计算机
终端计算机是指安装了相应的操作系统的数据处理终端，分为固定终端和移动终端。

3.3　用户
用户是指通过桌面及外围设备管理和使用信息系统应用的人员。

4　运行维护对象

运行维护对象为：
（1）固定计算机终端。
（2）移动计算终端。
（3）输入/输出设备。
（4）移动存储设备。
（5）通信设备。

5 运行维护内容及标准

5.1 固定计算机终端

固定计算机终端维护内容包括:
(1) 日常维护。
(2) 响应支持。
(3) 优化改善。

5.1.1 日常维护

日常维护内容包括硬件维护、操作系统及驱动维护、网络维护等。固定计算机终端日常维护标准见表4.1。

表 4.1　　　　　　　　　固定计算机终端日常维护标准

维护内容		检查内容		检验及测试	
		巡查技术标准	频次	校验及测试技术标准	频次
硬件	设备外观	清洁、无灰尘	1次/月		
	分辨率	分辨率清晰,无波纹	1次/月		
	计算机开启	正常开启	1次/月		
	机箱	无任何报警音和各种噪声	1次/月		
	硬件连接	硬件连接牢靠	1次/月	硬件测试	硬件测试正常	1次/月
			1次/月		
操作系统及驱动	驱动安装	完全安装驱动且无冲突	1次/月		
	操作系统配置	配置正确	1次/月		
	操作系统变更	操作系统变更符合使用要求	1次/月		
	操作系统补丁	已更新	1次/月		
	病毒库	已更新	1次/月		
	系统备份	已备份	1次/月		
	数据备份	已备份	1次/月		
	密码备份	已备份	1次/月		
网络	网络访问	网络访问正常	1次/月		
	网络速度	网速正常	1次/月		

5.1.2 响应支持

响应支持内容包括故障处理类和服务处理类。
(1) 故障处理类。故障处理类维护内容包括但不限于以下内容:
1) 修复固定计算机终端硬件故障、操作系统故障、驱动软件故障等。
2) 隔离并恢复感染病毒的固定计算终端。
3) 恢复性能下降的固定计算终端。
(2) 服务处理类。服务处理类维护内容包括但不限于以下内容:

1) 固定计算终端的采购、领用、借用、归还、报废等。
2) 固定计算终端的软件和硬件安装、升级和迁移。
3) 用户账号的开立、变更和注销等。

5.1.3 优化改善

优化改善维护内容包括但不限于以下内容：
1) 提出固定计算终端的使用、维护、报废、采购等优化方案。
2) 提出固定计算终端防止非法操作、防入侵、防病毒等优化方案。

5.2 移动计算终端

移动计算终端包括便携式计算机、平板式计算机、手持终端、其他移动终端等。移动计算终端维护内容包括：

（1）日常维护。
（2）响应支持。
（3）优化改善。

5.2.1 日常维护

日常维护内容包括硬件维护、操作系统及软件维护、网络维护等。移动计算终端日常维护标准见表4.2。

表 4.2　　　　　　　　　　移动计算终端日常维护标准

维护内容		巡查内容	
		巡查技术标准	频次
硬件	设备外观	完好、无破损	1次/月
	电池	续航能力满足要求	1次/月
	易耗部件	运行完好	1次/月
操作系统及软件	运行状态	运行正常	1次/月
	操作系统配置	配置正确	1次/月
	系统及软件版本	已更新	1次/月
	病毒库	已更新	1次/月
	系统漏洞	已扫描	1次/月
	数据备份	已备份	1次/月
	密码备份	已备份	1次/月
	资源占用情况	正常	1次/月
网络	网络访问	网络访问正常	1次/月
	网络速度	网速正常	1次/月

5.2.2 响应支持

响应支持包括故障处理类和服务处理类。
（1）故障处理类。故障处理类维护内容包括但不限于以下内容：
1) 修复移动计算终端硬件故障、操作系统故障、系统软件故障等。
2) 恢复网络连接。

3）删除恶意软件。
4）恢复性能下降的移动计算终端。
(2) 服务处理类。服务处理类维护内容包括但不限于以下内容：
1）移动计算终端的采购、领用、借用、归还、报废等。
2）移动计算终端的软件和硬件安装、升级和迁移。
3）易耗品、易损件更换等。
4）密码变更、重置。
5）提供备用设备。

5.2.3 优化改善

优化改善维护内容包括但不限于以下内容：
1）软件版本升级。
2）新软件或新功能使用指导。
3）调整安全策略。
4）安装外观保护或功能增强装置。

5.3 输入/输出设备

输入/输出设备的运行维护对象包括但不限于信息采集设备（摄像头等）、指令输入设备（键盘、鼠标等）、打印设备、显示设备、播放设备等。输入/输出设备的运行维护内容包括：
(1) 日常维护。
(2) 响应支持。
(3) 优化改善。

5.3.1 日常维护

日常维护内容包括软件、硬件（信息采集设备、显示设备、打印设备、指令输入设备、播放设备等）的维护。输入输出设备日常维护标准见表4.3。

表4.3　　　　　　　　　输入输出设备日常维护标准

维护内容		检查内容		检验及测试	
		巡查技术标准	频次	校验及测试技术标准	频次
软件	运行状态	运行状态正常	1次/月		
	配置	配置正确	1次/月		
信息采集设备（摄像头）	机械、传动、传感部件	运转情况正常	1次/月	信息采集测试	信息采集测试正常	1次/月
显示设备	图像显示	图像聚焦度、清晰度、亮度、对比度、颜色等正常	1次/月		
打印设备	耗材使用情况	正常	1次/月	打印测试	打印测试正常	1次/月
指令输入设备	指令响应	敏感度、准确度正常	1次/月	指令响应测试	敏感度/准确度	1次/月
播放设备	播放质量	音量、失真度、信噪比符合要求	1次/月	播放测试	播放测试正常	1次/月

5.3.2 响应支持

响应支持包括故障处理类和服务处理类。

（1）故障处理类。故障处理类维护内容包括但不限于以下内容：

1）修复输入/输出设备硬件故障，修复设备软件和驱动程序故障等。

2）恢复性能下降的输入/输出设备。

3）必要时提供功能置换服务。

（2）服务处理类。服务处理类维护内容包括但不限于以下内容：

1）输入/输出设备的采购、领用、借用、归还、报废等。

2）输入/输出设备的软件和硬件安装、升级和迁移。

3）输入/输出设备耗材更换等。

4）共享设备的账号开立、管理和注销。

5）新增输入/输出设备的安装和调试。

5.3.3 优化改善

优化改善维护内容包括但不限于以下内容：

1）调校机械部件、调整设备参数等。

2）升级固件程序和驱动程序。

3）增加外观保护和安全防护部件等。

5.4 移动存储设备

移动存储设备至少包括闪存盘、移动硬盘、数字存储卡、光盘、磁盘、网络存储器（NAS）等。存储设备运行维护内容包括：

（1）日常维护。

（2）响应支持。

（3）优化改善。

5.4.1 日常维护

日常维护内容包括但不限于存储设备外观、性能维护。存储设备日常维护标准见表4.4。

表4.4 存储设备日常维护标准

维护内容	巡查内容		
		巡查技术标准	频次
外观	编号与标识	已编号、有标识	1次/月
	除尘与清理	清洁、无灰尘	1次/月
	完好情况	完好、无破损	1次/月
性能	参数	传输速率、数据格式正常	1次/月
	坏区、坏道情况	无坏区、坏道、坏块	1次/月
	数据加密情况	数据已加密	1次/月
	病毒检测	已进行病毒检测并清理病毒	1次/月

5.4.2 响应支持

响应支持包括故障处理类和服务处理类。

（1）故障处理类。故障处理类维护内容包括但不限于以下情况：

1）修复存储设备硬件故障，修复设备软件和驱动程序故障等。

2）隔离并恢复感染病毒的存储设备。

3）恢复丢失的信息数据。

4）必要时提供功能置换服务。

（2）服务处理类。服务处理类维护内容包括但不限于以下情况：

1）存储设备的采购、领用、借用、归还、报废等。

2）存储设备的加密与解密。

3）提供存储设备所需的存储介质。

4）存储设备软件和硬件的安装、升级。

5）存储设备用户访问权限分配，账号的开立、变更和注销。

5.4.3 优化改善

优化改善维护内容包括但不限于以下情况：

1）更换接近平均使用寿命的存储设备。

2）提供数据加密/压缩方案。

3）增加外观保护和安全防护部件等。

5.5 通信设备

通信设备至少包括调制解调器、外置网卡、无线接入点（无线 AP）、信息点、非核心路由器、交换机、集线器、IP 电话等。维护内容包括：

（1）日常维护。

（2）响应支持。

（3）优化改善。

5.5.1 日常维护

日常维护内容包括但不限于通信设备的外观、性能及日志维护等。通信设备日常维护标准见表 4.5。

表 4.5　　　　　　　　　通信设备日常维护标准

维护内容		检查内容		检验及测试	
		巡查技术标准	频次	校验及测试技术标准	频次
外观	除尘与清理	清洁、无灰尘	1次/月		
	运行状态	正常	1次/月		
性能	连接对象、网络配置	连接对象及网络配置正确，且已备份	1次/月	链路健康状态	传输时延、IP包丢失率、IP包误差率	1次/月
	资源占用情况	能满足运行要求	1次/月	老化检测	老化检测复核标准	1次/年

续表

维护内容		检查内容		检验及测试	
		巡查技术标准	频次	校验及测试技术标准	频次
日志	审计设备日志	日志显示正常	1次/月		
	日志备份	已备份	1次/月		
	日志分析	已对安全事件进行整理分析	1次/月		

5.5.2 响应支持

响应支持包括故障处理类和服务处理类。

（1）故障处理类。故障处理类维护内容包括但不限于以下情况：

1）修复通信设备硬件故障，修复设备软件和驱动程序故障等。

2）修复通信设备所连接的网络链路故障。

3）排除并隔离导致恶意攻击、病毒等威胁的通信设备。

4）恢复性能下降的通信设备。

5）必要时提供功能置换服务。

（2）服务处理类。服务处理类维护内容包括但不限于以下情况：

1）通信设备的采购、领用、借用、归还、报废等。

2）通信设备参数配置变更。

3）提供存储设备所需的存储介质。

4）通信设备软件和硬件的安装、升级。

5）通信设备及网络链路的权限分配，用户账号的开立、变更和注销。

6）易耗品/易损件更换。

7）提供备用设备。

5.5.3 优化改善

优化改善维护内容包括但不限于以上情况：

1）局部网络拓扑优化。

2）局部网络通信链路带宽及使用效能优化。

3）通信设备配置参数优化。

4）通信设备运行环境优化。

5）优化通信设备通信端口利用率。

6 记录及报告格式

6.1 桌面及外围设备巡查记录表

桌面及外围设备巡查记录见表4.6。

表 4.6　　　　　　　　　　桌面及外围设备巡查记录表

维护对象	维护内容		巡查技术标准	巡查结果	问题描述	处 理 结 果
台式计算终端	硬件	设备外观	清洁、无灰尘	□是 □否		□未处理 □已处理，处理方式： 处理人员： 处理时间：
		分辨率	分辨率清晰，无波纹	□是 □否		□未处理 □已处理，处理方式： 处理人员： 处理时间：
		计算机开启	正常开启	□是 □否		□未处理 □已处理，处理方式： 处理人员： 处理时间：
		机箱	无任何报警音和各种噪声	□是 □否		□未处理 □已处理，处理方式： 处理人员： 处理时间：
		硬件连接	硬件连接牢靠	□是 □否		□未处理 □已处理，处理方式： 处理人员： 处理时间：
	操作系统及驱动	驱动安装	完全安装驱动且无冲突	□是 □否		□未处理 □已处理，处理方式： 处理人员： 处理时间：
		操作系统配置	配置正确	□是 □否		□未处理 □已处理，处理方式： 处理人员： 处理时间：
		操作系统变更	操作系统变更符合使用要求	□是 □否		□未处理 □已处理，处理方式： 处理人员： 处理时间：
		操作系统补丁	已更新	□是 □否		□未处理 □已处理，处理方式： 处理人员： 处理时间：
		病毒库	已更新	□是 □否		□未处理 □已处理，处理方式： 处理人员： 处理时间：

续表

维护对象	维护内容		巡查技术标准	巡查结果	问题描述	处 理 结 果
台式计算终端	操作系统及驱动	系统备份	已备份	□是 □否		□未处理 □已处理，处理方式： 处理人员： 处理时间：
		数据备份	已备份	□是 □否		□未处理 □已处理，处理方式： 处理人员： 处理时间：
		密码备份	已备份	□是 □否		□未处理 □已处理，处理方式： 处理人员： 处理时间：
	网络	网络访问	网络访问正常	□是 □否		□未处理 □已处理，处理方式： 处理人员： 处理时间：
		网络速度	网速正常	□是 □否		□未处理 □已处理，处理方式： 处理人员： 处理时间：
移动计算终端	硬件	设备外观	完好、无破损	□是 □否		□未处理 □已处理，处理方式： 处理人员： 处理时间：
		电池	续航能力满足要求	□是 □否		□未处理 □已处理，处理方式： 处理人员： 处理时间：
		易耗部件	运行完好	□是 □否		□未处理 □已处理，处理方式： 处理人员： 处理时间：
	操作系统及软件	运行状态	运行正常	□是 □否		□未处理 □已处理，处理方式： 处理人员： 处理时间：
		操作系统配置	配置正确	□是 □否		□未处理 □已处理，处理方式： 处理人员： 处理时间：

续表

维护对象	维护内容		巡查技术标准	巡查结果	问题描述	处 理 结 果
移动计算终端	操作系统及软件	系统及软件版本	已更新	□是 □否		□未处理 □已处理,处理方式: 处理人员: 处理时间:
		病毒库	已更新	□是 □否		□未处理 □已处理,处理方式: 处理人员: 处理时间:
		系统漏洞	已扫描	□是 □否		□未处理 □已处理,处理方式: 处理人员: 处理时间:
		数据备份	已备份	□是 □否		□未处理 □已处理,处理方式: 处理人员: 处理时间:
		密码备份	已备份	□是 □否		□未处理 □已处理,处理方式: 处理人员: 处理时间:
		资源占用情况	正常	□是 □否		□未处理 □已处理,处理方式: 处理人员: 处理时间:
	网络维护	网络访问	网络访问正常	□是 □否		□未处理 □已处理,处理方式: 处理人员: 处理时间:
		网络速度	网速正常	□是 □否		□未处理 □已处理,处理方式: 处理人员: 处理时间:
输入/输出设备	软件	运行状态	运行状态正常	□是 □否		□未处理 □已处理,处理方式: 处理人员: 处理时间:
		配置	配置正确	□是 □否		□未处理 □已处理,处理方式: 处理人员: 处理时间:

续表

维护对象	维护内容		巡查技术标准	巡查结果	问题描述	处 理 结 果
输入/输出设备	信息采集设备（摄像头）	机械、传动、传感部件	运转情况正常	□是 □否		□未处理 □已处理，处理方式： 处理人员： 处理时间：
	显示设备	图像显示	图像聚焦度、清晰度、亮度、对比度、颜色等正常	□是 □否		□未处理 □已处理，处理方式： 处理人员： 处理时间：
	打印设备	耗材使用情况	正常	□是 □否		□未处理 □已处理，处理方式： 处理人员： 处理时间：
	指令输入设备	指令响应	敏感度、准确度正常	□是 □否		□未处理 □已处理，处理方式： 处理人员： 处理时间：
	播放设备	播放质量	音量、失真度、信噪比符合要求	□是 □否		□未处理 □已处理，处理方式： 处理人员： 处理时间：
存储设备	外观	编号与标识	已编号，有标识	□是 □否		□未处理 □已处理，处理方式： 处理人员： 处理时间：
		除尘与清理	清洁、无灰尘	□是 □否		□未处理 □已处理，处理方式： 处理人员： 处理时间：
		完好情况	完好、无破损	□是 □否		□未处理 □已处理，处理方式： 处理人员： 处理时间：
	性能	参数	传输速率、数据格式正常	□是 □否		□未处理 □已处理，处理方式： 处理人员： 处理时间：
		坏区、坏道情况	无坏区、坏道、坏块	□是 □否		□未处理 □已处理，处理方式： 处理人员： 处理时间：

续表

维护对象	维护内容	巡查技术标准	巡查结果	问题描述	处 理 结 果
存储设备	性能	数据加密情况	数据已加密	□是 □否		□未处理 □已处理,处理方式: 处理人员: 处理时间:
		病毒检测	已进行病毒检测并清理病毒	□是 □否		□未处理 □已处理,处理方式: 处理人员: 处理时间:
通信设备	外观	除尘与清理	清洁、无灰尘	□是 □否		□未处理 □已处理,处理方式: 处理人员: 处理时间:
	性能	运行状态	正常	□是 □否		□未处理 □已处理,处理方式: 处理人员: 处理时间:
		连接对象、网络配置	连接对象及网络配置正确、且已备份	□是 □否		□未处理 □已处理,处理方式: 处理人员: 处理时间:
		资源占用情况	能满足运行要求	□是 □否		□未处理 □已处理,处理方式: 处理人员: 处理时间:
	日志	审计设备日志	日志显示正常	□是 □否		□未处理 □已处理,处理方式: 处理人员: 处理时间:
		日志备份	已备份	□是 □否		□未处理 □已处理,处理方式: 处理人员: 处理时间:
		日志分析	已对安全事件进行整理分析	□是 □否		□未处理 □已处理,处理方式: 处理人员: 处理时间:

6.2 桌面及外围设备检测及测试记录表

桌面及外围设备检测及测试记录见表 4.7。

表 4.7 桌面及外围设备检测及测试记录表

维护对象	维 护 内 容	检 验 及 测 试	测试结果
		校验及测试技术标准	
台式计算机终端	硬件	硬件测试	
输入/输出设备	信息采集设备（摄像头）	信息采集测试	
	打印设备	打印测试	
	指令输入设备	敏感度/准确度	
	播放设备	播放测试	
通信设备	链路健康状态	传输时延、IP包丢失率、IP包误差率	
	老化检测	老化检测符合标准	

第5章 不间断电源运行维护标准

1 适用范围

本章运行维护标准适用于河南省南水北调受水区供水配套工程自动化调度与运行管理决策支持系统不间断电源运行维护。

2 引用规范及标准

下列文件对于本章的应用是必不可少的。凡是注日期的引用文件，仅注日期的版本适用于本章。凡是不注日期的引用文件，其最新版本（包括所有的修改单）适用于本章。

YD/T 799—2010《通信用阀控式密封铅酸蓄电池》

YD/T 1095—2008《通信用不间断电源（UPS）》

YD/T 1970.1—2009《通信局（站）电源系统维护技术要求 第1部分：总则》

YD/T 1970.4—2009《通信局（站）电源系统维护技术要求 第4部分：不间断电源（UPS）系统》

YD/T 1970.10—2009《通信局（站）电源系统维护技术要求 第10部分：阀控式密封铅酸蓄电池》

YD/T 2322—2011《数据设备用交流电源分配列柜》

YD 5079—2005《通信电源设备安装工程验收规范》

3 术语和定义

3.1 在线式 UPS

在线式 UPS 是指交流输入正常时，通过整流、逆变装置对负载供电；交流输入异常时，电池通过逆变器对负载供电。

3.2 互动式 UPS

互动式 UPS 是指交流输入正常时，通过稳压装置对负载供电，变换器只对电池充电；交流输入异常时，电池通过变换器对负载供电。

3.3 阀控式密封铅酸蓄电池

阀控式密封铅酸蓄电池正常使用时保持气密和液密状态。当内部气压超过预定值时，安全阀自动开启，释放气体。当内部气压降低后，安全阀自动闭合使其密封，防止外部空气进入蓄电池内部。蓄电池在使用寿命期间,正常使用情况下无须补加电解液。

3.4 浮充电

浮充电是指以浮充电压值对蓄电池进行的恒压充电。在正常运行时,充电装置承担经常负荷,同时向蓄电池组补充充电,以补充蓄电池的自放电。

3.5 均衡充电

均衡充电是指为补偿蓄电池组在使用过程中产生的电压不均匀现象,使其恢复到规定的范围内而进行的充电。

3.6 交流配电屏

交流配电屏包括通信电源系统内的市电交流配电屏(箱)、UPS交流配电屏、UPS交流列头柜、UPS交流配电箱、油机发电机交流配电屏等设备。

3.7 直流配电屏

直流配电屏包括通信电源系统内的直流配电柜和直流列头柜等设备。

4 运行维护对象

运行维护对象包括:
(1)不间断电源。
(2)阀控式密封铅酸蓄电池。
(3)列头柜及配电屏。

5 运行维护内容及标准

5.1 不间断电源

不间断电源运行维护内容包括:
(1)运行环境。
(2)设备外观。
(3)设备运行状态。
(4)设备性能。

不间断电源运行维护标准见表5.1。

表5.1　　　　　　　不间断电源运行维护标准

维护对象	维护内容	巡查		检验及测试	
		巡查技术标准	频次	校验及测试技术标准	频次
运行环境	工作温度	5~40℃,每天工作24h,平均最高气温为35℃	1次/月		
	工作湿度	10%~90%(无冷凝)	1次/月		
	空气洁净要求	环境中无明显灰尘	1次/月		

续表

维护对象	维护内容	巡查		检验及测试	
		巡查技术标准	频次	校验及测试技术标准	频次
设备外观	电池机架	机架安装牢固可靠	1次/月		
	UPS机箱	机箱平整，无剥落、锈蚀、裂痕等不良现象；标牌、标志清晰可见	1次/月		
	线缆连接	引线及端子应接触良好、无锈蚀	1次/月		
		馈电母线、电缆及软连接头等应连接可靠	1次/月		
		标签标识完整，字迹清晰	1次/月		
		线缆应平直、整齐	1次/月		
		接地线缆应使用具有黄绿相间色标的铜质绝缘导线	1次/月		
		接地线缆应单独与接地排连接，不得串接	1次/月		
		线缆不得有机械损伤	1次/月		
			1次/月		
	风扇	通风顺畅、无堵塞	1次/月		
	维护通道	铺设绝缘垫	1次/月		
	UPS内部可目测的元器件的物理外观	外观正常，无鼓包、烧毁、漏液痕迹	1次/月		
设备运行状态	系统接地	接地牢靠	1次/月		
	开关、接触器件	开关、接触器指示器窗口正常	1次/月		
		开关、接触器弹出装置正常	1次/月		
		开关、接触器安装牢固可靠	1次/月		
	监控单元	监控单元正常工作	1次/月		
	输出功率及负载百分比	无过载（大于90%）、无轻载（小于10%）	1次/月		
	电池充电管理	电池充电过程能自动根据转换条件实现均充、浮充自动转换	1次/月		
	电池放电管理	可以设定放电的终止电压	1次/月		

续表

维护对象	维护内容	巡查		检验及测试	
		巡查技术标准	频次	校验及测试技术标准	频次
设备运行状态	监控电池参数设置	浮充电压＝压单体电池浮充电压×单体电池数量	1次/月		
		均充电压＝压单体电池均充电压×单体电池数量	1次/月		
		电池宜处于浮充状态	1次/月		
		UPS设备厂家默认禁用蓄电池均匀设置	1次/月		
	保护功能	输出短路保护功能正常	1次/月		
		输出过载保护功能正常	1次/月		
		过温度保护功能正常	1次/月		
		电池电压低保护功能正常	1次/月		
		输出过欠压保护功能正常	1次/月		
	设备告警	设备正常运行，无告警信息	1次/月		
设备性能				测试交流输入电压电流、交流直流输出电压电流	测试记录并UPS电源的输入电压	1次/季
					测试记录并UPS电源的输出电压	1次/季
					测试并记录UPS电源的直流输出电压符合要求	1次/季
					检查面板仪表的显示值与实际值的误差应不超过5%	1次/季
				交流电源与电池供电自动倒换测试	关闭市电输入开关，UPS自动转蓄电池供电	1次/季
					合上市电输入开关，UPS自动恢复市电供电	1次/季
					检查UPS倒换测试时输出电压有无劣化、跳变	1次/季

续表

维护对象	维护内容	巡查		检验及测试	
		巡查技术标准	频次	校验及测试技术标准	频次
设备性能				元器件和部件温升 温升不超过额定值	1次/季
				设备负载百分比 宜为30%~70%	1次/季
				UPS蓄电池电压测试 测试蓄电池组电压，电压符合要求	1次/季
				UPS蓄电池电压测试 检查面板仪表的显示值与实际值的误差应不超过5%	1次/季
				交流电压 输入电压：220V单相电压187~242V；380V三相电压323~418V	1次/季
				交流电压 输出电压：220V单相电压209~231V；380V三相电压361~399V	1次/季
				接地性能 外壳、所有可触及的金属零部件与接地点之间的电阻应不大于0.1Ω	1次/季
				中性线电流 测量并记录中性线电流	1次/季
				中性线电流 中性线电流越大则三相电负载越不均衡，应及时调整供电设备线路	1次/季
				电气性能测试 输入功率因数满足规范要求	1次/季
				电气性能测试 输入电流谐波成分2~39次	1次/季
				电气性能测试 频率跟踪范围48~52Hz	1次/季

续表

维护对象	维护内容	巡查		检验及测试	
		巡查技术标准	频次	校验及测试技术标准	频次
设备性能				电气性能测试	
				输出电压稳压精度不大于1.5%	1次/季
				输出频率不窄于48～52Hz	1次/季
				输出电压不平衡度不大于3%	1次/季
				动态电压瞬变范围不超过5%	1次/季
				过载能力大于1min	1次/季
				音频噪声不超过65dB（A）	1次/季
				并机荷载不均衡度不超过5%	1次/季

5.2 阀控式密封铅酸蓄电池

阀控式密封铅酸蓄电池运行维护内容包括：

(1) 运行环境。

(2) 设备外观。

(3) 设备性能。

(4) 电池更换。

阀控式密封铅酸蓄电池运行维护标准见表5.2。

表5.2 阀控式密封铅酸蓄电池运行维护标准

维护对象	维护内容	巡查		检验及测试	
		巡查技术标准	频次	校验及测试技术标准	频次
运行环境	工作温度	10～30℃	1次/月		
	工作湿度	20%～80%	1次/月		
	工作环境	通风换气装置工作正常	1次/月		
		没有阳光直射，朝阳窗户做遮阳处理	1次/月		
		电池组之间有足够维护空间	1次/月		
		抗震加固满足要求	1次/月		

运行维护内容及标准

续表

维护对象	维护内容	巡查		检验及测试	
		巡查技术标准	频次	校验及测试技术标准	频次
设备外观	电池极柱及连接	极柱、连接条清洁；无损伤、变形或腐蚀现象	1次/月		
		连接处无松动	1次/月		
		极柱处无爬酸、漏液，无酸雾酸液溢出	1次/月		
		电池及连接处温升无异常	1次/月		
	电池壳体	无损伤、渗漏和变形	1次/月		
	线缆连接	引线及端子应接触良好、无锈蚀	1次/半年		
		馈电母线、电缆及软连接头等应连接可靠	1次/半年		
设备性能				测量电池系统总电压（2V单体）：均衡充电时总电压＝均衡充电单体电压（2.30～2.40V）×蓄电池单体数量	1次/月
				浮充充电时总电压＝浮充充电单体电压（2.20～2.27V）×蓄电池单体数量	1次/月
				测量电池电流：蓄电池充电电流不得大于0.20C10（A）	1次/月
				蓄电池放电电流不得大于0.55C10（A）	1次/月
				单体电池端电压标准：均衡充电单体电压为2.30～2.40V，浮充充电单体电压为2.20～2.27V	1次/季
				测量单体端电压（2V）：对于放电电流不大于0.25C10（A），放电终止电压可取1.8V/2V单体；对于放电电流大于0.25C10（A），放电终止电压可取1.75V/2V单体	1次/季
				蓄电池进入浮充状态24h后，全组各蓄电池之间的端电压差值应不大于90mV（2V单体）；240mV（6V单体）；480mV（12V单体）	1次/季

续表

维护对象	维护内容	巡查		检验及测试		
		巡查技术标准	频次	校验及测试技术标准		频次
设备性能				检查是否达到充电条件	两只以上单体电池的浮充电压低于2.18V	1次/季
					搁置不用时间超过3个月	1次/季
					全浮充运行达到6个月	1次/季
					放电深度超过额定容量的20%	1次/季
				完全充电，充电终止条件检查	充电量不小于放出电量的1.2倍	1次/季
					充电后期充电电流小于0.005C10A（C10=电池的额定容量）	1次/季
					充电后期，充电电流连续3h无明显变化	1次/季
				核对性放电试验	放出额定容量的30%～40%	1次/季
					电池组中任一单体达到放电终止电压终止放电	1次/季
					放电前后要测记每只电池的端压、温度、比重、室温、放电时间	
					放电结束后要对蓄电池组充电，充入电量应是放出电量的1.2倍	
					放电前、后单体电池端压	1次/季
					放电前、后单体电池温度	1次/季
					放电前、后单体电池比重	1次/季
					室温	1次/季
					放电时间	1次/季
				容量测试	放出蓄电池容量的80%	1次/年
					将脱离供电系统的蓄电池组充满电后静置1h，在环境温度为（25±5）℃的条件下开始放电	1次/年

续表

维护对象	维护内容	巡　查		检　验　及　测　试	
		巡查技术标准	频次	校验及测试技术标准	频次
设备性能				容量测试 放电开始前应测蓄电池的端电压，放电期间应测记蓄电池的放电电流、时间及环境温度，放电电流波动不得超过规定值的1%	1次/年
				容量测试 放电期间应测蓄电池的端电压及室温，测量时间间隔为10h率放电1h，3h率放电0.5h，1h率放电1min，在放电期末要随时测量，以便准确的确定达到终止电压的时间	1次/年
				放电电流乘以放电时间即为蓄电池组的容量	1次/年
				放电结束后要对蓄电池组充电，充入电量应是放出电量的1.2倍	1次/年
电池更换				落后电池判断 落后电池在放电时端电压低，因此落后电池应在放电状态下测量，如果端电压在连续三次放电循环红测试均是最低的，即可判为该组中的落后电池	根据需要
				落后电池判断 日常的电导在线测量中，如发现某只电池单体电导值低于同组电池平均值的30%以上，可判为该组中的落后电池	根据需要
				蓄电池更换 阀控蓄电池和防酸式电池禁止混合使用在一个供电系统中	根据需要
				蓄电池更换 不同厂家、不同容量、不同型号、不同时期的蓄电池组严禁并联在同一直流供电系统中使用	根据需要
				新旧程度不同的电池不应在同一直流供电系统中混用	根据需要

5.3　列头柜及配电屏

列头柜及配电屏运行维护内容包括：

（1）运行环境。

(2) 设备外观。

(3) 运行状态。

列头柜及配电屏运行维护标准见表 5.3。

表 5.3　　　　　　　　列头柜及配电屏运行维护标准

维护对象	维护内容	巡　查		检　验　及　测　试	
		巡 查 技 术 标 准	频次	校验及测试技术标准	频次
运行环境	工作温度	5～40℃	1次/月		
	工作湿度	≤85%	1次/月		
	振动要求	无剧烈振动和冲击	1次/月		
	工作环境	无导电爆炸尘埃	1次/月		
设备外观	设备外观	设备表面和各部件无明显灰尘	1次/月		
		机架、设备安装牢固可靠	1次/月		
		机箱镀层应牢固，漆面匀称，无剥落、锈蚀及裂痕等现象	1次/月		
		表面平整，所有标牌、标记、文字符号清晰、正确、整齐	1次/月		
		元器件的外观应无异常	1次/月		
	线缆连接	引线及端子应接触良好、无锈蚀	1次/月		
		馈电母线、电缆及软连接头等应连接可靠	1次/月		
		线缆标签标识完整无缺失，字迹清晰可辨	1次/月		
		线缆的敷设应平直、整齐	1次/月		
		接地线缆应使用具有黄绿相间色标的铜质绝缘导线	1次/月		
		接地线缆应单独与接地排连接，不得串接	1次/月		
		线缆不得有机械损伤	1次/月		
运行状态	显示屏显示数据	告警指示灯、蜂鸣器、监控显示屏等正常工作		测试交流输入输出交流电压	检查面板仪表的显示值与实际值的误差应不超过5%	1次/季
		无实时告警信息			电流不超过上级开关容限	1次/季

续表

维护对象	维护内容	巡查		检验及测试	
		巡查技术标准	频次	校验及测试技术标准	频次
运行状态	开关、保险接触器件	开关保险、接触器件完好		测试直流输入输出交流电压	检查面板仪表的显示值与实际值的误差应不超过5%	1次/季
		开关保险、接触器件接触开关灵活,接触可靠			系统实际负载应不超过熔断器(断路器)额定容量的50%	1次/季
		防雷器开关或保险应处于通路		接地性能	外壳、所有可触及的金属零部件与接地点之间的电阻应不大于0.1Ω	1次/季
	整流模块	整流模块正常:工作指示灯绿灯常亮,告警指示灯不亮,保护指示灯不亮				
		整流模块固定卡锁正常锁定状态和螺丝紧固				
		整流模块风扇运转正常、无卡滞,滤网无明显灰尘,散热性能良好				

6 记录及报告格式

6.1 不间断电源巡查记录

不间断电源巡查记录见表5.4。

表 5.4　　　　　　　　不间断电源巡查记录表

维护对象	维护内容	巡查技术标准	巡查结果	问题描述	处理结果
UPS电源	运行环境	工作温度	5～40℃,每天工作24h,平均最高气温为35℃	□是 □否		□未处理 □已处理,处理方式: 处理人员: 处理时间:
		工作湿度	10%～90%（无冷凝）	□是 □否		□未处理 □已处理,处理方式: 处理人员: 处理时间:

续表

维护对象	维护内容		巡查技术标准	巡查结果	问题描述	处 理 结 果
UPS电源	运行环境	空气洁净要求	环境中无明显灰尘	□是 □否		□未处理 □已处理，处理方式： 处理人员： 处理时间：
	设备外观	电池机架	机架安装牢固可靠	□是 □否		□未处理 □已处理，处理方式： 处理人员： 处理时间：
		UPS机箱	机箱平整，无剥落、锈蚀、裂痕等不良现象；标牌、标志清晰可见	□是 □否		□未处理 □已处理，处理方式： 处理人员： 处理时间：
		线缆连接	引线及端子应接触良好、无锈蚀	□是 □否		□未处理 □已处理，处理方式： 处理人员： 处理时间：
			馈电母线、电缆及软连接头等应连接可靠	□是 □否		□未处理 □已处理，处理方式： 处理人员： 处理时间：
			标签标识完整，字迹清晰	□是 □否		□未处理 □已处理，处理方式： 处理人员： 处理时间：
			线缆应平直、整齐	□是 □否		□未处理 □已处理，处理方式： 处理人员： 处理时间：
			接地线缆应使用具有黄绿相间色标的铜质绝缘导线	□是 □否		□未处理 □已处理，处理方式： 处理人员： 处理时间：
			接地线缆应单独与接地排连接，不得串接	□是 □否		□未处理 □已处理，处理方式： 处理人员： 处理时间：
			线缆不得有机械损伤	□是 □否		□未处理 □已处理，处理方式： 处理人员： 处理时间：

续表

维护对象	维护内容		巡查技术标准	巡查结果	问题描述	处理结果
UPS电源	设备运行状态	风扇	通风顺畅、无堵塞	□是 □否		□未处理 □已处理，处理方式： 处理人员： 处理时间：
		维护通道	铺设绝缘垫	□是 □否		□未处理 □已处理，处理方式： 处理人员： 处理时间：
		UPS内部可目测的元器件的物理外观	外观正常，无鼓包、烧毁、漏液痕迹	□是 □否		□未处理 □已处理，处理方式： 处理人员： 处理时间：
		系统接地	接地牢靠	□是 □否		□未处理 □已处理，处理方式： 处理人员： 处理时间：
		开关、接触器件	开关、接触器指示器窗口正常	□是 □否		□未处理 □已处理，处理方式： 处理人员： 处理时间：
			开关、接触器弹出装置正常	□是 □否		□未处理 □已处理，处理方式： 处理人员： 处理时间：
			开关、接触器安装牢固可靠	□是 □否		□未处理 □已处理，处理方式： 处理人员： 处理时间：
		监控单元	监控单元正常工作	□是 □否		□未处理 □已处理，处理方式： 处理人员： 处理时间：
		输出功率及负载百分比	无过载（大于90%）、无轻载（小于10%）	□是 □否		□未处理 □已处理，处理方式： 处理人员： 处理时间：
		电池充电管理	电池充电过程能自动根据转换条件实现均充、浮充自动转换	□是 □否		□未处理 □已处理，处理方式： 处理人员： 处理时间：

续表

维护对象	维护内容		巡查技术标准	巡查结果	问题描述	处理结果
UPS 电源	设备运行状态	电池放电管理	可以设定放电的终止电压	□是 □否		□未处理 □已处理，处理方式： 处理人员： 处理时间：
		监控电池参数设置	浮充电压＝压单体电池浮充电压×单体电池数量	□是 □否		□未处理 □已处理，处理方式： 处理人员： 处理时间：
			均充电压＝压单体电池均充电压×单体电池数量	□是 □否		□未处理 □已处理，处理方式： 处理人员： 处理时间：
			电池宜处于浮充状态	□是 □否		□未处理 □已处理，处理方式： 处理人员： 处理时间：
			UPS 设备厂家默认禁用蓄电池均匀设置	□是 □否		□未处理 □已处理，处理方式： 处理人员： 处理时间：
	设备性能	保护功能	输出短路保护功能正常	□是 □否		□未处理 □已处理，处理方式： 处理人员： 处理时间：
			输出过载保护功能正常	□是 □否		□未处理 □已处理，处理方式： 处理人员： 处理时间：
			过温度保护功能正常	□是 □否		□未处理 □已处理，处理方式： 处理人员： 处理时间：
			电池电压低保护功能正常	□是 □否		□未处理 □已处理，处理方式： 处理人员： 处理时间：
			输出过欠压保护功能正常	□是 □否		□未处理 □已处理，处理方式： 处理人员： 处理时间：

续表

维护对象	维护内容		巡查技术标准	巡查结果	问题描述	处理结果
UPS 电源	设备性能	设备告警	设备正常运行,无告警信息	□是 □否		□未处理 □已处理,处理方式: 处理人员: 处理时间:
		交流电源与电池供电自动倒换测试	测试并记录 UPS 电源的直流输出电压	□是 □否		□未处理 □已处理,处理方式: 处理人员: 处理时间:
			检查面板仪表的显示值与实际值的误差应不超过5%	□是 □否		□未处理 □已处理,处理方式: 处理人员: 处理时间:
			关闭市电输入开关,UPS 进入电池逆变工作方式	□是 □否		□未处理 □已处理,处理方式: 处理人员: 处理时间:
			合上市电输入开关,UPS 自动恢复正常工作方式	□是 □否		□未处理 □已处理,处理方式: 处理人员: 处理时间:
			检查 UPS 倒换测试时输出电压有无劣化、跳变	□是 □否		□未处理 □已处理,处理方式: 处理人员: 处理时间:
		UPS 蓄电池电压测试	测试蓄电池组电压,电压符合要求	□是 □否		□未处理 □已处理,处理方式: 处理人员: 处理时间:
			检查面板仪表的显示值与实际值的误差应不超过5%	□是 □否		□未处理 □已处理,处理方式: 处理人员: 处理时间:
		中性线电流	测量并记录中性线电流	□是 □否		□未处理 □已处理,处理方式: 处理人员: 处理时间:
			中性线电流越大则三相电负载越不均衡,应及时调整供电设备线路	□是 □否		□未处理 □已处理,处理方式: 处理人员: 处理时间:

续表

维护对象	维护内容	巡查技术标准	巡查结果	问题描述	处理结果
UPS电源	设备性能	检查UPS告警功能、检查电池管理功能	告警管理，功能正常开启	□是 □否		□未处理 □已处理，处理方式： 处理人员： 处理时间：
			充电管理：实现均充、浮充自动转换	□是 □否		□未处理 □已处理，处理方式： 处理人员： 处理时间：
			放电管理：可以设定放电的终止电压	□是 □否		□未处理 □已处理，处理方式： 处理人员： 处理时间：
			检查面板仪表的显示值与实际值的误差应不超过5%	□是 □否		□未处理 □已处理，处理方式： 处理人员： 处理时间：
		接地性能	外壳、所有可触及的金属零部件与接地点之间的电阻应不大于0.1Ω	□是 □否		□未处理 □已处理，处理方式： 处理人员： 处理时间：
蓄铅电池	运行环境	工作温度	10～30℃	□是 □否		□未处理 □已处理，处理方式： 处理人员： 处理时间：
		工作湿度	20%～80%	□是 □否		□未处理 □已处理，处理方式： 处理人员： 处理时间：
		工作环境	通风换气装置工作正常	□是 □否		□未处理 □已处理，处理方式： 处理人员： 处理时间：
			没有阳光直射，朝阳窗户做遮阳处理	□是 □否		□未处理 □已处理，处理方式： 处理人员： 处理时间：
			电池组之间有足够维护空间	□是 □否		□未处理 □已处理，处理方式： 处理人员： 处理时间：

续表

维护对象	维护内容		巡查技术标准	巡查结果	问题描述	处理结果
蓄铅电池	运行环境	工作环境	抗震加固满足要求	□是 □否		□未处理 □已处理,处理方式: 处理人员: 处理时间:
	设备外观	电池极柱及连接	极柱、连接条清洁;无损伤、变形或腐蚀现象	□是 □否		□未处理 □已处理,处理方式: 处理人员: 处理时间:
			连接处无松动	□是 □否		□未处理 □已处理,处理方式: 处理人员: 处理时间:
			极柱处无爬酸、漏液,无酸雾酸液溢出	□是 □否		□未处理 □已处理,处理方式: 处理人员: 处理时间:
			电池及连接处温升无异常	□是 □否		□未处理 □已处理,处理方式: 处理人员: 处理时间:
		电池壳体	无损伤、渗漏和变形	□是 □否		□未处理 □已处理,处理方式: 处理人员: 处理时间:
		线缆连接	引线及端子应接触良好、无锈蚀	□是 □否		□未处理 □已处理,处理方式: 处理人员: 处理时间:
			馈电母线、电缆及软连接头等应连接可靠	□是 □否		□未处理 □已处理,处理方式: 处理人员: 处理时间:
列头柜及配电屏	运行环境	工作温度	5~40℃	□是 □否		□未处理 □已处理,处理方式: 处理人员: 处理时间:
		工作湿度	≤85%	□是 □否		□未处理 □已处理,处理方式: 处理人员: 处理时间:

续表

维护对象	维护内容		巡查技术标准	巡查结果	问题描述	处理结果
列头柜及配电屏	运行环境	振动要求	无剧烈振动和冲击	□是 □否		□未处理 □已处理，处理方式： 处理人员： 处理时间：
		工作环境	无导电爆炸尘埃	□是 □否		□未处理 □已处理，处理方式： 处理人员： 处理时间：
	设备外观	配电屏外观	设备表面和各部件无明显灰尘	□是 □否		□未处理 □已处理，处理方式： 处理人员： 处理时间：
			机架、设备安装牢固可靠	□是 □否		□未处理 □已处理，处理方式： 处理人员： 处理时间：
			机箱镀层应牢固，漆面匀称，无剥落、锈蚀及裂痕等现象	□是 □否		□未处理 □已处理，处理方式： 处理人员： 处理时间：
			表面平整，所有标牌、标记、文字符号清晰、正确、整齐	□是 □否		□未处理 □已处理，处理方式： 处理人员： 处理时间：
			元器件的外观应无异常	□是 □否		□未处理 □已处理，处理方式： 处理人员： 处理时间：
		开关、保险接触器件	开关保险、接触器件完好	□是 □否		□未处理 □已处理，处理方式： 处理人员： 处理时间：
			开关保险、接触器件接触开关灵活，接触可靠	□是 □否		□未处理 □已处理，处理方式： 处理人员： 处理时间：
			防雷器开关或保险应处于通路	□是 □否		□未处理 □已处理，处理方式： 处理人员： 处理时间：

续表

维护对象	维护内容		巡查技术标准	巡查结果	问题描述	处理结果
列头柜及配电屏	设备外观	线缆连接	引线及端子应接触良好、无锈蚀	□是 □否		□未处理 □已处理,处理方式: 处理人员: 处理时间:
			馈电母线、电缆及软连接头等应连接可靠	□是 □否		□未处理 □已处理,处理方式: 处理人员: 处理时间:
			线缆标签标识完整无缺失,字迹清晰可辨	□是 □否		□未处理 □已处理,处理方式: 处理人员: 处理时间:
			线缆的敷设应平直、整齐	□是 □否		□未处理 □已处理,处理方式: 处理人员: 处理时间:
			接地线缆应使用具有黄绿相间色标的铜质绝缘导线	□是 □否		□未处理 □已处理,处理方式: 处理人员: 处理时间:
			接地线缆应单独与接地排连接,不得串接	□是 □否		□未处理 □已处理,处理方式: 处理人员: 处理时间:
			线缆不得有机械损伤	□是 □否		□未处理 □已处理,处理方式: 处理人员: 处理时间:
	运行状态	显示屏显示数据	告警指示灯、蜂鸣器、监控显示屏等正常工作	□是 □否		□未处理 □已处理,处理方式: 处理人员: 处理时间:
			无实时告警信息	□是 □否		□未处理 □已处理,处理方式: 处理人员: 处理时间:
		开关、保险接触器件	开关保险、接触器件完好	□是 □否		□未处理 □已处理,处理方式: 处理人员: 处理时间:

续表

维护对象	维护内容	巡查技术标准	巡查结果	问题描述	处理结果
列头柜及配电屏	开关、保险接触器件	开关保险、接触器件接触开关灵活,接触可靠	□是 □否		□未处理 □已处理,处理方式: 处理人员: 处理时间:
		防雷器开关或保险应处于通路	□是 □否		□未处理 □已处理,处理方式: 处理人员: 处理时间:
	运行状态	整流模块正常:工作指示灯绿灯常亮,告警指示灯不亮,保护指示灯不亮	□是 □否		□未处理 □已处理,处理方式: 处理人员: 处理时间:
	整流模块	整流模块固定卡锁正常锁定状态和螺丝紧固	□是 □否		□未处理 □已处理,处理方式: 处理人员: 处理时间:
		整流模块风扇运转正常、无卡滞,滤网无明显灰尘,散热性能良好	□是 □否		□未处理 □已处理,处理方式: 处理人员: 处理时间:

6.2 不间断电源检验与测试记录

不间断电源检验与测试记录见表 5.5。

表 5.5　　　　　　　　不间断电源检验与测试记录表

维护对象	维护内容	检验及测试	测试结果
		校验及测试技术标准	
UPS 系统	测试交流输入电压电流、交流直流输出电压电流	测试记录并 UPS 电源的输入电压	
		测试记录并 UPS 电源的输出电压	
		测试并记录 UPS 电源的直流输出电压符合要求	
		检查面板仪表的显示值与实际值的误差应不超过 5%	
	交流电源与电池供电自动倒换测试	关闭市电输入开关,UPS 自动转蓄电池供电	
		合上市电输入开关,UPS 自动恢复市电供电	
		检查 UPS 倒换测试时输出电压有无劣化、跳变	

续表

维护对象	维护内容	检验及测试	测试结果
		校验及测试技术标准	
UPS系统	元器件和部件温升	温升不超过额定值	
	设备负载百分比	宜为30%~70%	
	UPS蓄电池电压测试	测试蓄电池组电压，电压符合要求	
		检查面板仪表的显示值与实际值的误差应不超过5%	
	交流电压	输入电压：220V单相电压187~242V；380V三相电压323~418V	
		输出电压：220V单相电压209~231V；380V三相电压361~399V	
	接地性能	外壳、所有可触及的金属零部件与接地点之间的电阻应不大于0.1Ω	
	中性线电流	测量并记录中性线电流	
		中性线电流越大则三相电负载越不均衡，应及时调整供电设备线路	
	电气性能测试	输入功率因数满足规范要求	
		输入电流谐波成分2~39次	
		频率跟踪范围48~52Hz	
		输出电压稳压精度不超过1.5%	
		输出频率不窄于48~52Hz	
		输出电压不平衡度不超过3%	
		动态电压瞬变范围不超过5%	
		过载能力大于1min	
		音频噪声不超过65dB（A）	
		并机荷载不均衡度不超过5%	
铅蓄电池	测量电池系统总电压（2V单体）	均衡充电时总电压=均衡充电单体电压（2.30~2.40V）×蓄电池单体数量	
		浮充电时总电压=浮充电单体电压（2.20~2.27V）×蓄电池单体数量	
	测量电池电流	蓄电池充电电流不得大于0.20C10（A）	
		蓄电池放电电流不得大于0.55C10（A）	
	测量单体端电压（2V）	单体电池端电压标准：均衡充电单体电压为2.30~2.40V，浮充电单体电压为2.20~2.27V	
		对于放电电流不大于0.25C10（A），放电终止电压可取1.8V/2V单体；对于放电电流大于0.25C10（A），放电终止电压可取1.75V/2V单体	

续表

维护对象	维护内容	检验及测试	测试结果
		校验及测试技术标准	
铅蓄电池	测量单体端电压（2V）	蓄电池进入浮充状态24h后，全组各蓄电池之间的端电压差值应不大于90mV（2V单体）；240mV（6V单体）；480mV（12V单体）	
	检查是否达到充电条件	两只以上单体电池的浮充电压低于2.18V	
		搁置不用时间超过3个月	
		全浮充运行达到6个月	
		放电深度超过额定容量的20%	
	完全充电，充电终止条件检查	充电量不小于放出电量的1.2倍	
		充电后期充电电流小于0.005C10A（C10＝电池的额定容量）	
		充电后期，充电电流连续3小时无明显变化	
	核对性放电试验	放出额定容量的30%～40%	
		电池组中任一单体达到放电终止电压终止放电	
		放电结束后要对蓄电池组充电，充入电量应是放出电量的1.2倍	
		放电前、后单体电池端压	
		放电前、后单体电池温度	
		放电前、后单体电池比重	
		室温	
		放电时间	
	容量测试	放出蓄电池容量的80%	
		将脱离供电系统的蓄电池组充满电后静置1h，在环境温度为（25±5)℃的条件下开始放电	
		放电开始前应测蓄电池的端电压，放电期间应测记蓄电池的放电电流、时间及环境温度，放电电流波动不得超过规定值的1%	
		放电期间应测蓄电池的端电压及室温，测量时间间隔为10h率放电1h，3h率放电0.5h，1h率放电1min，在放电期末要随时测量，以便准确的确定达到终止电压的时间	

续表

维护对象	维护内容	检 验 及 测 试	测试结果
		校验及测试技术标准	
铅蓄电池	容量测试	放电电流乘以放电时间即为蓄电池组的容量	
		放电结束后要对蓄电池组充电，充入电量应是放出电量的1.2倍	
	落后电池判断	落后电池在放电时端电压低，因此落后电池应在放电状态下测量，如果端电压在连续三次放电循环红测试均是最低的，即可判为该组中的落后电池	
		日常的电导在线测量中，如发现某只电池单体电导值低于同组电池平均值的30%以上，可判为该组中的落后电池	
	蓄电池更换	阀控蓄电池和防酸式电池禁止混合使用在一个供电系统中	
		不同厂家、不同容量、不同型号、不同时期的蓄电池组严禁并联在同一直流供电系统中使用	
		新旧程度不同的电池不应在同一直流供电系统中混用	
列头柜及配电屏	测试交流输入输出交流电压	检查面板仪表的显示值与实际值的误差应不超过5%	
		电流不超过上级开关容限	
	测试直流输入输出交流电压	检查面板仪表的显示值与实际值的误差应不超过5%	
		系统实际负载应不超过熔断器（断路器）额定容量的50%	
	接地性能	外壳、所有可触及的金属零部件与接地点之间的电阻应不大于0.1Ω	

第6章 计算机网络运行维护标准

1 适 用 范 围

本章运行维护标准适用于河南省南水北调受水区供水配套工程自动化调度与运行管理决策支持系统计算机网络运行维护。

2 引用规范及标准

下列文件对于本章的应用是必不可少的。凡是注日期的引用文件,仅注日期的版本适用于本章。凡是不注日期的引用文件,其最新版本(包括所有的修改单)适用于本章。

GB/T 28827.1—2012《信息技术服务 运行维护 第1部分:通用要求》
GB/T 28827.2—2012《信息技术服务 运行维护 第2部分:交付规范》
GB/T 28827.4—2012《信息技术服务 运行维护 第4部分:数据中心服务规范》

3 术 语 和 定 义

3.1 路由器
路由器是一类专用的网络设备,它连接两个或更多的计算机网络,在这些网络之间转发数据包。路由器使用数据包中的目的地址选择该数据包的下一个发往地点。

3.2 网络交换机
网络交换机是一种连接网络的设备,用于连接各个节点或其他网络设备,能够在通信系统中完成信息交换的设备。

3.3 网络安全
网络安全是通过采取必要措施,防范对网络的攻击、侵入、干扰、破坏和非法使用以及意外事故,使网络处于稳定可靠运行的状态,以及保障网络数据的完整性、保密性、可用性的能力。

4 运 行 维 护 对 象

运行维护对象包括:
(1) 路由器。
(2) 交换机。

(3) 安全设备。

5 运行维护内容及标准

运行维护内容包括：
(1) 例行维护。
(2) 响应支持。
(3) 优化改善。

5.1 例行维护

例行维护内容包括设备外观、运行状态、日志及文件管理等。计算机例行维护技术标准见表 6.1。

表 6.1　　　　　　　　　计算机网络例行维护标准

维护内容		巡查	
		巡查技术标准	频次
设备外观	设备安装情况	设备安装牢固可靠	1 次/月
	设备外观、防尘情况	外观完整无破损；设备表面无积灰；内部各部件无明显积灰	1 次/月
	设备标识情况	设备与线缆标识清晰、完整	1 次/月
	机柜情况	机柜门能正常开启、关闭	1 次/月
		机柜内接地线缆正常	1 次/月
	设备物理线路连接	线缆连接牢固，无松动	1 次/月
运行状态	设备状态指示灯状态	设备电源指示灯显示正常	1 次/月
		设备板卡指示灯显示正常	1 次/月
		设备风扇指示灯显示正常	1 次/月
		设备面板无告警信息	1 次/月
	设备硬件运行状态及运行温度	状态正常，温度为 30～80℃	1 次/月
	CPU、内存利用率	CPU 利用率不超过 80%，内存利用率不超过 80%	1 次/月
	链路的通断状态、带宽利用率、接口的错误包率、丢包率	带宽利用率不超过总带宽的 80%，错误包率不超过 1%，丢包率不超过 1%	1 次/月
	交换机 VRRP 状态	选举正常，无主备切换	1 次/月
	交换机 STP 状态	选举正常	1 次/月
	安全设备安全攻击事件	查看设备日志状态无报错	1 次/月
	安全设备安全策略运行情况	策略生效	1 次/月
	设备断网及中断时长	无中断	1 次/月

续表

维护内容		巡查	
		巡查技术标准	频次
日志及文件管理	设备配置文件备份及归档	电子备份存档	1次/月
	设备操作系统的备份及归档	电子备份存档	1次/月
	设备日志的分析	无 Error 等报错信息	1次/月
	设备监控日志的备份及归档	电子备份存档	1次/月
	设备监控日志的数据分析及报告生成	生成电子报告	1次/月

5.2 响应支持

响应支持包括但不限于以下内容：

（1）故障处理类。

1）路由器。

a. 路由器硬件故障预判、定位、处理。

b. 路由协议故障预判、定位、处理。

c. 路由器的维修与备件更换。

d. 路由协议配置的更改与恢复。

2）交换机。

a. 交换机硬件故障预判、定位、处理。

b. 交换机路由及数据链路协议的故障预判、定位、处理。

c. 中断、连通网络连接。

d. 关闭、开启物理端口。

e. 交换机的维修与备件更换。

f. 配置的更改与恢复。

3）安全设备。

a. 安全设备硬件故障预判、定位、处理。

b. 安全事件引起的故障预判、定位、处理。

c. 安全设备的维修与备件更换。

d. 安全策略的更改与恢复。

e. 漏洞扫描分析。

f. 数据流向的规则分析。

（2）服务处理类

1）路由器。

a. 增加或降低接入网络的数量和速率。

b. 更改路由策略。

c. 路由器网络端口的开启与关闭。

d. 更换、更新和升级硬件或软件版本。

2）交换机。

a. 增加或减少接入网络的物理端口。

b. VLAN、STP 等配置的变更与恢复。

c. 交换机软硬件版本的升级。

3）安全设备。

a. 安全策略的变更。

b. 病毒库、特征库的升级。

c. 安全事件的统计分析。

d. 审计行为的统计分析。

5.3 优化改善

优化改善包括但不限于以下内容：

（1）路由器。

1）路由策略调整。

2）路由协议优化。

3）设备和链路负载调整。

4）路由器容量变化，如路由器板卡、软件升级、路由器链路带宽升级。

（2）交换机。

1）交换机配置优化。

2）冗余优化。

3）网络架构设备容量变化，交换机的增减。

4）设备链路负载优化调整。

（3）安全设备。

1）安全策略调整。

2）监控对象覆盖范围调整。

3）安全功能变化，如新增功能区、新增安全系统、新增审计系统等。

6 记录及报告格式

计算机网络巡查记录见表 6.2。

表 6.2 计算机网络巡查记录表

维护对象	维护内容	巡查技术标准	巡查结果	问题描述	处理结果
设备外观	设备安装情况	设备安装牢固可靠	□是 □否		□未处理 □已处理，处理方式： 处理人员： 处理时间：
	设备外观、防尘情况	外观完整无破损、设备表面无积灰、内部各部件无明显积灰	□是 □否		□未处理 □已处理，处理方式： 处理人员： 处理时间：

续表

维护对象	维护内容	巡查技术标准	巡查结果	问题描述	处 理 结 果
设备外观	设备标识情况	设备与线缆标识清晰、完整	□是 □否		□未处理 □已处理，处理方式： 处理人员： 处理时间：
	机柜情况	机柜门能正常开启、关闭	□是 □否		□未处理 □已处理，处理方式： 处理人员： 处理时间：
		机柜内接地线缆正常	□是 □否		□未处理 □已处理，处理方式： 处理人员： 处理时间：
	设备物理线路连接	线缆连接牢固，无松动	□是 □否		□未处理 □已处理，处理方式： 处理人员： 处理时间：
运行状态	设备状态指示灯状态	设备电源指示灯显示正常	□是 □否		□未处理 □已处理，处理方式： 处理人员： 处理时间：
		设备板卡指示灯显示正常	□是 □否		□未处理 □已处理，处理方式： 处理人员： 处理时间：
		设备风扇指示灯显示正常	□是 □否		□未处理 □已处理，处理方式： 处理人员： 处理时间：
		设备面板无告警信息	□是 □否		□未处理 □已处理，处理方式： 处理人员： 处理时间：
	设备硬件运行状态及运行温度	状态正常，温度为30～80℃	□是 □否		□未处理 □已处理，处理方式： 处理人员： 处理时间：
	CPU、内存利用率	CPU利用率不超过80%，内存利用率不超过80%	□是 □否		□未处理 □已处理，处理方式： 处理人员： 处理时间：
	链路的通断状态、带宽利用率、接口的错误包率、丢包率	带宽利用率不超过总带宽的80%，错误包率不超过1%，丢包率不超过1%	□是 □否		□未处理 □已处理，处理方式： 处理人员： 处理时间：

续表

维护对象	维护内容	巡查技术标准	巡查结果	问题描述	处 理 结 果
运行状态	交换机 VRRP 状态	选举正常,无主备切换	□是 □否		□未处理 □已处理,处理方式: 处理人员: 处理时间:
	交换机 STP 状态	选举正常	□是 □否		□未处理 □已处理,处理方式: 处理人员: 处理时间:
	安全设备安全攻击事件	查看设备日志状态无报错	□是 □否		□未处理 □已处理,处理方式: 处理人员: 处理时间:
	安全设备安全策略运行情况	策略生效	□是 □否		□未处理 □已处理,处理方式: 处理人员: 处理时间:
	设备断网及中断时长	无中断	□是 □否		□未处理 □已处理,处理方式: 处理人员: 处理时间:
日志及文件管理	设备配置文件备份及归档	电子备份存档	□是 □否		□未处理 □已处理,处理方式: 处理人员: 处理时间:
	设备操作系统的备份及归档	电子备份存档	□是 □否		□未处理 □已处理,处理方式: 处理人员: 处理时间:
	设备日志的分析	无 Error 等报错信息	□是 □否		□未处理 □已处理,处理方式: 处理人员: 处理时间:
	设备监控日志的备份及归档	电子备份存档	□是 □否		□未处理 □已处理,处理方式: 处理人员: 处理时间:
	设备监控日志的数据分析及报告生成	生成电子报告	□是 □否		□未处理 □已处理,处理方式: 处理人员: 处理时间:

第7章 通信系统运行维护标准

1 适用范围

本章运行维护标准适用于河南省南水北调受水区供水配套工程自动化调度与运行管理决策支持系统通信系统运行维护。

2 引用规范及标准

下列文件对于本章的应用是必不可少的。凡是注日期的引用文件，仅注日期的版本适用于本章。凡是不注日期的引用文件，其最新版本（包括所有的修改单）适用于本章。

GB/T 16814—2008《同步数字体系（SDH）光缆线路系统测试方法》

YD/T 1011—1999《数字同步网独立型节点时钟设备技术要求及测试方法》

YD/T 1012—1999《数字同步网节点时钟系列及其定时特性》

YD/T 5119—2005《基于SDH的多业务传送节点（MSTP）本地网光缆传输工程设计规范》

YD/T 5149—2007《SDH本地网光缆传输工程验收》

3 术语和定义

3.1 同步数字体系（SDH）

同步数字体系是指一系列的分级数字传输结构，可以使在物理传输网络中传输的净负荷标准化。

3.2 脉冲编码调制（PCM）

脉冲编码调制是一种通过在信号中改变脉冲幅度来对信息进行编码的方法。与脉冲幅度调制（PAM）不同，脉冲编码调制中的脉冲幅度可以连续变化，脉冲编码调制是将脉冲幅度限制在某些预定义的值上。由于信号是离散的，或数字式的，而不是模拟式的，脉冲编码调制在抗噪声方面比PAM更优越。

3.3 时钟同步系统

时钟同步系统是一种能接收外部时间基准信号，并按照要求的时间精度向外输出时间同步信号和时间信息的系统，它能使网络内其他时钟对准并同步。

4 运行维护对象

运行维护对象包括：
（1）SDH 设备及 SDH 网管监控平台。
（2）PCM 设备及 PCM 网管监控平台。
（3）系统时钟同步设备及系统同步时钟网管监控平台。

5 运行维护内容及标准

5.1 SDH 设备及 SDH 网管监控平台

SDH 设备运行维护内容包括运行环境、设备外观、运行状态等。SDH 设备及 SDH 网管监控平台运行维护技术标准见表 7.1。

表 7.1　　　　SDH 设备及 SDH 网管监控平台运行维护技术标准

维护对象	维护内容		巡查		检验及测试	
			巡查技术标准	频次	校验及测试技术标准	频次
SDH 设备	运行环境	环境温度	0~45℃			
		相对湿度	10%~90%			
		供电电压	DC-38.4~57.6V			
	设备外观	机柜	机柜外部内部清洁，无明显积灰	1次/月		
			机柜安装端正牢固，机柜门开关顺畅	1次/月		
			直流供电电缆连接牢固，接触良好	1次/月		
			机柜底部出线孔封堵完好，防火泥无干裂破损现象（下通风不做要求）	1次/月		
			机柜标识正确、清晰、齐全	1次/月		
		柜内设备	设备表面清洁，无明显积灰	1次/月		
			设备安装端正牢固	1次/月		
			设备单板接触良好	1次/月		
			布放的线缆、光纤连接牢固且排列整齐，标签标识正确、清晰、齐全	1次/月		

续表

维护对象	维护内容		巡查		检验及测试	
			巡查技术标准	频次	校验及测试技术标准	频次
SDH设备	设备外观	保护接地	接地线缆使用黄绿相间色标的铜质绝缘导线	1次/月		
			接地线缆单独与接地排连接,不得串接	1次/月		
			接地线缆的敷设平直、整齐,无机械损伤	1次/月		
			接地线缆与机架接地端子可靠连接,接触良好	1次/月		
			接地线缆标签标识正确、清晰、齐全	1次/月		
	运行状态	机柜指示灯	电源指示灯显示绿色,为正常;电源设备接通	1次/月		
			紧急告警指示灯灭,正常,无告警	1次/月		
			主要告警指示灯灭,正常,无告警	1次/月		
			一般告警指示灯灭,正常,无告警	1次/月		
		单板告警指示灯	单板硬件状态灯正常	1次/月		
			业务激活状态/单板主备状态指示正常	1次/月		
			单板软件状态灯正常	1次/月		
			业务告警指示灯(业务板SRV)正常	1次/月		
			业务告警指示灯(交叉时钟板SRV)正常	1次/月		
			业务告警指示灯(主控板SRV)正常	1次/月		
			风机盒运行状态灯正常	1次/月		
			以太网连接状态指示灯显示绿色,正常	1次/月		
			数据收发指示灯显示橙色,为正常	1次/月		

运行维护内容及标准

续表

维护对象	维护内容		巡查		检验及测试		
			巡查技术标准	频次		校验及测试技术标准	频次
SDH 设备	运行状态	设备散热	设备风扇正常运转，有明显风感，运转过程中无异响	1次/月			
			防尘网或通风栅格及进出风口无堵塞，风道畅通，设备散热正常	1次/月			
					测试SDH环网保护倒换	倒换时间小于50ms	1次/月
					单板保护倒换	交叉时钟板1+1保护倒换，倒换正常，无异常告警	1次/月
						主控板1+1保护倒换，倒换正常，无异常告警	1次/月
						电源主备倒换，倒换正常，无异常告警	1次/月
					测试空闲的以太网端口	测试空闲以太网端口的吞吐量，符合RFC2544测试指标	1次/月
						测试空闲以太网端口的丢包率，符合RFC2545测试指标	1次/月
						测试空闲以太网端口的时延，符合RFC2546测试指标	1次/月
						测试空闲以太网端口的背靠背，符合RFC2547测试指标	1次/月

续表

维护对象	维护内容	巡查		检验及测试	
		巡查技术标准	频次	校验及测试技术标准	频次
SDH设备	运行状态			PDH误码测试	PDH支路板空闲2M电路,连续测试4h测无误码	1次/月
				测试空闲光接口指标	测试空闲光接口的发送光功率	1次/月
					测试空闲光接口的光接收机灵敏度	1次/月
					测试空闲光接口的最小过载点	1次/月
		SDH网管监控平台	DCN数据正常通信	1次/月		
			浏览当前和历史告警正常	1次/月		
			设备性能监视正常	1次/月		
			接口运行情况正常	1次/月		
			设备与单板温度正常,无高温告警	1次/月		
			网管与网元配置数据正常备份	1次/月		
			同步网元配置数据正常	1次/月		
			网管账号正常	1次/月		

5.2 PCM设备及PCM网管监控平台

PCM设备运行维护内容包括设备外观、运行状态等,PCM设备运行维护标准见表7.2。

表7.2　　　　　　　　　　PCM设备运行维护标准

维护对象	维护内容		巡查		检验及测试	
			巡查技术标准	频次	校验及测试技术标准	频次
PCM设备	运行环境	温度	−40~65℃			
		相对湿度	不高于95%			
		供电电压	DC−41.5~56V			
	设备外观	机柜	机柜外部内部清洁,无明显积灰	1次/月		

续表

维护对象	维护内容		巡查		检验及测试	
			巡查技术标准	频次	校验及测试技术标准	频次
PCM设备	设备外观	机柜	机柜安装端正牢固，机柜门开关顺畅	1次/月		
			直流供电电缆连接牢固，接触良好	1次/月		
			机柜底部出线孔封堵完好，防火泥无干裂破损现象（下通风不做要求）	1次/月		
			机柜标识正确、清晰、齐全	1次/月		
		柜内设备	设备表面清洁，无明显积灰	1次/月		
			设备安装端正牢固	1次/月		
			设备单板接触良好	1次/月		
			布放的线缆、光纤连接牢固且排列整齐，标签标识正确、清晰、齐全	1次/月		
		保护接地	接地线缆使用黄绿相间色标的铜质绝缘导线	1次/月	保护接地	测试机柜接地线至接地排之间的电阻，电阻值不应大于1Ω
			接地线缆单独与接地排连接，不得串接	1次/月		
			接地线缆的敷设平直、整齐，无机械损伤	1次/月		
			接地线缆与机架接地端子可靠连接，接触良好	1次/月		
			接地线缆标签标识正确、清晰、齐全	1次/月		
	运行状态	单板告警指示灯	E1单板显示E1状态灯正常	1次/月		
			FXS与FXO接口单板，板卡状态指示灯和通道指示灯正常	1次/月		
			MPU单板状态（LINK）正常	1次/月		

续表

维护对象	维护内容		巡 查		检 验 及 测 试	
			巡查技术标准	频次	校验及测试技术标准	频次
PCM设备	运行状态	PCM网管监控平台	PCM网元监控情况正常	1次/月		
			接口运行情况正常	1次/月		
			同步告警与平E1告警主动上报配置正常	1次/月		
			查询当前告警、历史告警,无异常告警	1次/月		
			时隙交叉配置正确	1次/月		

5.3 系统时钟同步设备及系统同步时钟网管监控平台

系统时钟同步设备及系统同步时钟网管监控平台包括设备外观、运行状态等；运行维护技术标准见表7.3。

表7.3　系统时钟同步设备及系统同步时钟网管监控平台运行维护标准

维护对象	维护内容		巡 查		检 验 及 测 试	
			巡查技术标准	频次	校验及测试技术标准	频次
系统时钟同步设备	设备外观	机柜外观	机柜外部内部清洁,无明显积灰	1次/月		
			机柜安装端正牢固,机柜门开关顺畅	1次/月		
			直流供电电缆连接牢固,接触良好	1次/月		
			机柜底部出线孔封堵完好,防火泥无干裂破损现象（下通风不做要求）	1次/月		
			机柜标识正确、清晰、齐全	1次/月		
		柜内设备	设备表面清洁,无明显积灰	1次/月		
			设备安装端正牢固	1次/月		
			设备单板接触良好	1次/月		
			布放的线缆、光纤连接牢固且排列整齐,标签标识正确、清晰、齐全	1次/月		
		保护接地	接地线缆使用黄绿相间色标的铜质绝缘导线	1次/月		
			接地线缆单独与接地排连接,不得串接	1次/月		

续表

维护对象	维护内容		巡查		检验及测试	
			巡查技术标准	频次	校验及测试技术标准	频次
系统时钟同步设备	设备外观	保护接地	接地线缆的敷设平直、整齐，无机械损伤	1次/月		
			接地线缆与机架接地端子可靠连接，接触良好	1次/月	测试机柜接地线至接地排之间的电阻，电阻值不应大于1Ω	1次/季
			接地线缆标签标识正确、清晰、齐全	1次/月		
	运行状态	机柜指示灯	电源指示灯显示绿色，正常	1次/月		
			紧急告警指示灯灭，正常，无告警	1次/月		
			主要告警指示灯灭，正常，无告警	1次/月		
		单板指示灯状态	RUN显示绿色，正常	1次/月		
			ALM显示灭，正常	1次/月		
			ACT显示绿色，正常	1次/月		
同步时钟网管监控平台			浏览当前告警、历史告警，无异常告警	1次/月		
			单板（SRCU/TSOU/TDRV）状态，无异常	1次/月		
			频率参考源状态，无异常	1次/月		
			时间参考源状态，无异常	1次/月		
			端口状态，无异常	1次/月		

6 记录及报告格式

6.1 通信系统巡查记录表

通信系统巡查记录表见表7.4。

表7.4　　　　　　　　通信系统巡查记录表

维护内容		巡查技术标准	巡查结果	问题描述	处理结果
SDH设备	运行环境	环境温度	0～45℃		□未处理 □已处理，处理方式： 处理人员： 处理时间：

续表

维护内容			巡查技术标准	巡查结果	问题描述	处理结果
SDH设备	运行环境		相对湿度	10%～90%		□未处理 □已处理,处理方式: 处理人员: 处理时间:
			供电电压	DC-38.4～57.6V		□未处理 □已处理,处理方式: 处理人员: 处理时间:
	设备外观	机柜		机柜外部内部清洁,无明显积灰		□未处理 □已处理,处理方式: 处理人员: 处理时间:
				机柜安装端正牢固,机柜门开关顺畅		□未处理 □已处理,处理方式: 处理人员: 处理时间:
				直流供电电缆连接牢固,接触良好		□未处理 □已处理,处理方式: 处理人员: 处理时间:
				机柜底部出线孔封堵完好,防火泥无干裂破损现象(下通风不做要求)		□未处理 □已处理,处理方式: 处理人员: 处理时间:
				机柜标识正确、清晰、齐全		□未处理 □已处理,处理方式: 处理人员: 处理时间:
		柜内设备		设备表面清洁,无明显积灰		□未处理 □已处理,处理方式: 处理人员: 处理时间:
				设备安装端正牢固		□未处理 □已处理,处理方式: 处理人员: 处理时间:
				设备单板接触良好		□未处理 □已处理,处理方式: 处理人员: 处理时间:
				布放的线缆、光纤连接牢固且排列整齐,标签标识正确、清晰、齐全		□未处理 □已处理,处理方式: 处理人员: 处理时间:

续表

维 护 内 容		巡查技术标准	巡 查 结 果	问题描述	处 理 结 果
SDH设备	设备外观	保护接地	接地线缆使用黄绿相间色标的铜质绝缘导线		□未处理 □已处理，处理方式： 处理人员： 处理时间：
			接地线缆单独与接地排连接，不得串接		□未处理 □已处理，处理方式： 处理人员： 处理时间：
			接地线缆的敷设平直、整齐、无机械损伤		□未处理 □已处理，处理方式： 处理人员： 处理时间：
			接地线缆与机架接地端子可靠连接，接触良好		□未处理 □已处理，处理方式： 处理人员： 处理时间：
			接地线缆标签标识正确、清晰、齐全		□未处理 □已处理，处理方式： 处理人员： 处理时间：
	运行状态	机柜指示灯	电源指示灯显示绿色，正常，电源设备接通		□未处理 □已处理，处理方式： 处理人员： 处理时间：
			紧急告警指示灯灭，正常，无告警		□未处理 □已处理，处理方式： 处理人员： 处理时间：
			主要告警指示灯灭，正常，无告警		□未处理 □已处理，处理方式： 处理人员： 处理时间：
			一般告警指示灯灭，正常，无告警		□未处理 □已处理，处理方式： 处理人员： 处理时间：
		单板告警指示灯	单板硬件状态灯正常		□未处理 □已处理，处理方式： 处理人员： 处理时间：
			业务激活状态/单板主备状态指示正常		□未处理 □已处理，处理方式： 处理人员： 处理时间：

续表

维护内容		巡查技术标准	巡查结果	问题描述	处理结果
SDH 设备	运行状态	单板告警指示灯	单板软件状态灯正常		□未处理 □已处理，处理方式： 处理人员： 处理时间：
			业务告警指示灯（业务板 SRV）正常		□未处理 □已处理，处理方式： 处理人员： 处理时间：
			业务告警指示灯（交叉时钟板 SRV）正常		□未处理 □已处理，处理方式： 处理人员： 处理时间：
			业务告警指示灯（主控板 SRV）正常		□未处理 □已处理，处理方式： 处理人员： 处理时间：
			风机盒运行状态灯正常		□未处理 □已处理，处理方式： 处理人员： 处理时间：
			以太网连接状态指示灯显示绿色，正常		□未处理 □已处理，处理方式： 处理人员： 处理时间：
			数据收发指示灯显示橙色，正常		□未处理 □已处理，处理方式： 处理人员： 处理时间：
		设备散热	设备风扇正常运转，有明显风感，运转过程中无异响		□未处理 □已处理，处理方式： 处理人员： 处理时间：
			防尘网或通风栅格及进出风口无堵塞，风道畅通，设备散热正常		□未处理 □已处理，处理方式： 处理人员： 处理时间：
		SDH 网管监控平台	DCN 数据正常通信		□未处理 □已处理，处理方式： 处理人员： 处理时间：
			浏览当前和历史告警正常		□未处理 □已处理，处理方式： 处理人员： 处理时间：

续表

维护内容		巡查技术标准	巡查结果	问题描述	处理结果
SDH设备	运行状态	SDH网管监控平台	设备性能监视正常		□未处理 □已处理，处理方式： 处理人员： 处理时间：
			接口运行情况正常		□未处理 □已处理，处理方式： 处理人员： 处理时间：
			设备与单板温度正常，无高温告警		□未处理 □已处理，处理方式： 处理人员： 处理时间：
			网管与网元配置数据正常备份		□未处理 □已处理，处理方式： 处理人员： 处理时间：
			同步网元配置数据正常		□未处理 □已处理，处理方式： 处理人员： 处理时间：
			网管账号正常		□未处理 □已处理，处理方式： 处理人员： 处理时间：
PCM设备	运行环境	温度	－40～65℃		□未处理 □已处理，处理方式： 处理人员： 处理时间：
		相对湿度	不高于95%		□未处理 □已处理，处理方式： 处理人员： 处理时间：
		供电电压	DC－41.5～56V		□未处理 □已处理，处理方式： 处理人员： 处理时间：
	设备外观	机柜	机柜外部内部清洁，无明显积灰		□未处理 □已处理，处理方式： 处理人员： 处理时间：
			机柜安装端正牢固，机柜门开关顺畅		□未处理 □已处理，处理方式： 处理人员： 处理时间：

续表

维护内容			巡查技术标准	巡查结果	问题描述	处理结果
PCM 设备	设备外观	机柜	直流供电电缆连接牢固，接触良好			□未处理 □已处理，处理方式： 处理人员： 处理时间：
			机柜底部出线孔封堵完好，防火泥无干裂破损现象（下通风不做要求）			□未处理 □已处理，处理方式： 处理人员： 处理时间：
			机柜标识正确、清晰、齐全			□未处理 □已处理，处理方式： 处理人员： 处理时间：
		柜内设备	设备表面清洁，无明显积灰			□未处理 □已处理，处理方式： 处理人员： 处理时间：
			设备安装端正牢固			□未处理 □已处理，处理方式： 处理人员： 处理时间：
			设备单板接触良好			□未处理 □已处理，处理方式： 处理人员： 处理时间：
			布放的线缆、光纤连接牢固且排列整齐，标签标识正确、清晰、齐全			□未处理 □已处理，处理方式： 处理人员： 处理时间：
		保护接地	接地线缆使用黄绿相间色标的铜质绝缘导线			□未处理 □已处理，处理方式： 处理人员： 处理时间：
			接地线缆单独与接地排连接，不得串接			□未处理 □已处理，处理方式： 处理人员： 处理时间：
			接地线缆的敷设平直、整齐，无机械损伤			□未处理 □已处理，处理方式： 处理人员： 处理时间：
			接地线缆与机架接地端子可靠连接，接触良好			□未处理 □已处理，处理方式： 处理人员： 处理时间：

续表

维护内容		巡查技术标准	巡查结果	问题描述	处理结果
PCM 设备	设备外观	保护接地	接地线缆标签标识正确、清晰、齐全		□未处理 □已处理，处理方式： 处理人员： 处理时间：
	单板告警指示灯		E1 单板显示 E1 状态灯正常		□未处理 □已处理，处理方式： 处理人员： 处理时间：
			FXS 与 FXO 接口单板，板卡状态指示灯和通道指示灯正常		□未处理 □已处理，处理方式： 处理人员： 处理时间：
			MPU 单板状态（LINK）正常		□未处理 □已处理，处理方式： 处理人员： 处理时间：
	运行状态	PCM 网管监控平台	PCM 网元监控情况正常		□未处理 □已处理，处理方式： 处理人员： 处理时间：
			接口运行情况正常		□未处理 □已处理，处理方式： 处理人员： 处理时间：
			同步告警与平 E1 告警主动上报配置正常		□未处理 □已处理，处理方式： 处理人员： 处理时间：
			查询当前告警、历史告警，无异常告警		□未处理 □已处理，处理方式： 处理人员： 处理时间：
			时隙交叉配置正确		□未处理 □已处理，处理方式： 处理人员： 处理时间：
时钟同步设备	设备外观	机柜外观	机柜外部内部清洁，无明显积灰		□未处理 □已处理，处理方式： 处理人员： 处理时间：
			机柜安装端正牢固，机柜门开关顺畅		□未处理 □已处理，处理方式： 处理人员： 处理时间：

续表

维护内容		巡查技术标准		巡查结果	问题描述	处 理 结 果
时钟同步设备	设备外观	机柜外观		直流供电电缆连接牢固，接触良好		□未处理 □已处理，处理方式： 处理人员： 处理时间：
				机柜底部出线孔封堵完好，防火泥无干裂破损现象（下通风不做要求）		□未处理 □已处理，处理方式： 处理人员： 处理时间：
				机柜标识正确、清晰、齐全		□未处理 □已处理，处理方式： 处理人员： 处理时间：
		柜内设备		设备表面清洁，无明显积灰		□未处理 □已处理，处理方式： 处理人员： 处理时间：
				设备安装端正牢固		□未处理 □已处理，处理方式： 处理人员： 处理时间：
				设备单板接触良好		□未处理 □已处理，处理方式： 处理人员： 处理时间：
				布放的线缆、光纤连接牢固且排列整齐，标签标识正确、清晰、齐全		□未处理 □已处理，处理方式： 处理人员： 处理时间：
		保护接地		接地线缆使用黄绿相间色标的铜质绝缘导线		□未处理 □已处理，处理方式： 处理人员： 处理时间：
				接地线缆单独与接地排连接，不得串接		□未处理 □已处理，处理方式： 处理人员： 处理时间：
				接地线缆的敷设平直、整齐，无机械损伤		□未处理 □已处理，处理方式： 处理人员： 处理时间：
				接地线缆与机架接地端子可靠连接，接触良好		□未处理 □已处理，处理方式： 处理人员： 处理时间：

续表

维护内容		巡查技术标准	巡查结果	问题描述	处理结果
时钟同步设备	设备外观	保护接地	接地线缆标签标识正确、清晰、齐全		□未处理 □已处理，处理方式： 处理人员： 处理时间：
	运行状态	机柜指示灯	电源指示灯显示绿色，正常		□未处理 □已处理，处理方式： 处理人员： 处理时间：
			紧急告警指示灯灭，正常，无告警		□未处理 □已处理，处理方式： 处理人员： 处理时间：
			主要告警指示灯灭，正常，无告警		□未处理 □已处理，处理方式： 处理人员： 处理时间：
		单板指示灯状态	RUN，绿色，正常		□未处理 □已处理，处理方式： 处理人员： 处理时间：
			ALM，灭，正常		□未处理 □已处理，处理方式： 处理人员： 处理时间：
			ACT，绿色，正常		□未处理 □已处理，处理方式： 处理人员： 处理时间：
		同步时钟网管监控平台	浏览当前告警、历史告警，无异常告警		□未处理 □已处理，处理方式： 处理人员： 处理时间：
			单板（SRCU/TSOU/TDRV）状态，无异常		□未处理 □已处理，处理方式： 处理人员： 处理时间：
			频率参考源状态，无异常		□未处理 □已处理，处理方式： 处理人员： 处理时间：
			时间参考源状态，无异常		□未处理 □已处理，处理方式： 处理人员： 处理时间：

续表

维护内容	巡查技术标准	巡查结果	问题描述	处理结果
时钟同步设备	运行状态	同步时钟网管监控平台	端口状态，无异常	□未处理 □已处理，处理方式： 处理人员： 处理时间：

6.2 通信系统检验与测试记录表

通信系统检验与测试记录见表7.5。

表7.5　　通信系统检验与测试记录表

维护内容		检验及测试	测试结果
		校验及测试技术标准	
SDH 设备	测试 SDH 环网保护倒换	倒换时间小于 50ms	
	单板保护倒换	交叉时钟板 1+1 保护倒换，倒换正常，无异常告警	
		主控板 1+1 保护倒换，倒换正常，无异常告警	
		电源主备倒换，倒换正常，无异常告警	
	测试空闲的以太网端口	测试空闲以太网端口的吞吐量，符合 RFC2544 测试指标	
		测试空闲以太网端口的丢包率，符合 RFC2545 测试指标	
		测试空闲以太网端口的时延，符合 RFC2546 测试指标	
		测试空闲以太网端口的背靠背，符合 RFC2547 测试指标	
	PDH 误码测试	PDH 支路板空闲 2M 电路，连续测试 4h 测无误码	
	测试空闲光接口指标	测试空闲光接口的发送光功率	
		测试空闲光接口的光接收机灵敏度	
		测试空闲光接口的最小过载点	

第8章　VTRON DLP 大屏系统运行维护标准

1　适　用　范　围

本章运行维护标准适用于河南省南水北调受水区供水配套工程自动化调度与运行管理决策支持系统 VTRON DLP 大屏运行维护。

2　引用规范及标准

下列文件对于本章的应用是必不可少的。凡是注日期的引用文件，仅注日期的版本适用于本章。凡是不注日期的引用文件，其最新版本（包括所有的修改单）适用于本章。

GB/T 50115—2019《工业电视系统工程设计标准》
GB/T 28827.1—2012《信息技术服务 运行维护 第1部分：通用要求》
GB/T 28827.2—2012《信息技术服务 运行维护 第2部分：交付规范》

3　术语和定义

3.1　数字光学处理器（DLP）

数字光学处理器（Digital Light Processor，DLP）是指采用半导体数字光学微镜阵列作为光阀的成像装置。

4　运行维护对象

本标准运行维护对象为调度中心 VTRON DLP 大屏。

5　运行维护内容及标准

运行维护内容包括：
（1）例行维护。
（2）响应支持。
（3）优化改善。

5.1　例行维护

例行维护包括运行环境、设备外观、系统及设备运行状态等，运行维护内容标准见

表8.1。

表8.1　　　　　　　　VTRON DLP 大屏例行维护标准

维护对象	维护内容		巡查	
			巡查技术标准	频次
DLP	运行环境	工作温度	(22±5)℃	1次/月
		工作湿度	20%～80%无凝露	1次/月
	设备外观	大屏底座	牢固、无破损	1次/月
		线缆	敷设规范、标牌清晰、无破损	1次/月
		DLP显示单元	外观完好、无破损	1次/月
		灯泡、滤网	运行正常，清洁	1次/月
	系统及设备运行状态	DLP显示单元	分辨率正常	1次/月
			显示色彩正常，不失真	1次/月
			色彩亮度自动调整功能正常	1次/月
		多屏图像处理控制器	单屏、跨屏、全屏切换正常	1次/月
			信号投放正常	1次/月
			模式切换正常	1次/月
			矩阵切换正常	1次/月
		多屏图像处理控制软件	故障报错功能正常	1次/月
			查询功能正常	1次/月
			设备运行状态监控功能正常	1次/月
			对DLP控制功能正常	1次/月
			系统运行数据分析	1次/月

5.2 响应支持

响应支持内容包括故障处理类和服务处理类。运行维护包括但不限于以下内容：

（1）故障处理类。

1）DLP系统的故障预判、定位、处理。

2）DLP设备的维修与备件更换。

3）DLP设备位置的变更。

（2）服务处理类

1）DLP的操作服务。

2）DLP系统调试与测试。

5.3 优化改善

优化改善内容包括但不限于DLP固件及系统软件的升级。

6　记　录　及　报　告　格　式

DLP大屏巡查记录见表8.2。

表 8.2　　　　　　　　　DLP 大屏巡查记录表

维护对象	维护内容	巡查技术标准	巡查结果	问题描述	处 理 结 果
运行环境	工作温度	(22±5)℃	□是 □否		□未处理 □已处理，处理方式： 处理人员： 处理时间：
运行环境	工作湿度	20%～80%无凝露	□是 □否		□未处理 □已处理，处理方式： 处理人员： 处理时间：
设备外观	大屏底座	牢固、无破损	□是 □否		□未处理 □已处理，处理方式： 处理人员： 处理时间：
设备外观	线缆	敷设规范、标牌清晰、无破损	□是 □否		□未处理 □已处理，处理方式： 处理人员： 处理时间：
设备外观	DLP 显示单元	外观完好、无破损	□是 □否		□未处理 □已处理，处理方式： 处理人员： 处理时间：
设备外观	灯泡、滤网	运行正常，清洁	□是 □否		□未处理 □已处理，处理方式： 处理人员： 处理时间：
系统、设备运行状态	DLP 显示单元	分辨率正常	□是 □否		□未处理 □已处理，处理方式： 处理人员： 处理时间：
系统、设备运行状态	DLP 显示单元	显示色彩正常，不失真	□是 □否		□未处理 □已处理，处理方式： 处理人员： 处理时间：
系统、设备运行状态	DLP 显示单元	色彩亮度自动调整功能正常	□是 □否		□未处理 □已处理，处理方式： 处理人员： 处理时间：
系统、设备运行状态	多屏图像处理控制器	单屏、跨屏、全屏切换正常	□是 □否		□未处理 □已处理，处理方式： 处理人员： 处理时间：
系统、设备运行状态	多屏图像处理控制器	信号投放正常	□是 □否		□未处理 □已处理，处理方式： 处理人员： 处理时间：

续表

维护对象	维护内容	巡查技术标准	巡查结果	问题描述	处 理 结 果
系统、设备运行状态	多屏图像处理控制器	模式切换正常	□是 □否		□未处理 □已处理，处理方式： 处理人员： 处理时间：
		矩阵切换正常	□是 □否		□未处理 □已处理，处理方式： 处理人员： 处理时间：
	多屏图像处理控制软件	故障报错功能正常	□是 □否		□未处理 □已处理，处理方式： 处理人员： 处理时间：
		查询功能正常	□是 □否		□未处理 □已处理，处理方式： 处理人员： 处理时间：
		设备运行状态监控功能正常	□是 □否		□未处理 □已处理，处理方式： 处理人员： 处理时间：
		对 DLP 控制功能正常	□是 □否		□未处理 □已处理，处理方式： 处理人员： 处理时间：
		系统运行数据分析	□是 □否		□未处理 □已处理，处理方式： 处理人员： 处理时间：

第9章 视频安防系统运行维护标准

1 适 用 范 围

本章运行维护标准适用于河南省南水北调受水区供水配套工程自动化调度与运行管理决策支持系统视频安防系统的运行维护。

2 引用规范及标准

下列文件对于本章的应用是必不可少的。凡是注日期的引用文件，仅注日期的版本适用于本章。凡是不注日期的引用文件，其最新版本（包括所有的修改单）适用于本章。

GB 50198—2011《民用闭路监视电视系统工程技术规范》
GB 50348—2014《安全防范工程技术规范》
GB 50395—2007《视频安防监控系统工程设计规范》
GB 50464—2008《视频显示系统工程技术规范》
GA/T 367—2001《视频安防监控系统技术要求》

3 术语和定义

3.1 视频监控

视频监控是指利用视频探测手段对目标进行监视、控制和信息记录。

4 运行维护对象

运行维护对象包括：
（1）视频监控设备。
（2）视频软件平台。

5 运行维护内容及标准

5.1 视频监控设备

视频监控设备维护内容包括设备外观、运行状态，运行维护标准见表9.1。

第9章 视频安防系统运行维护标准

表 9.1 视频监控设备运行维护标准

维护内容		巡 查		检 验 及 测 试	
		巡查技术标准	频次	校验及测试技术标准	频次
设备外观	立杆及支架	立杆、支架及设备箱安装牢固,螺母紧固	1次/月		
		立杆、支架及设备箱无破损、无锈蚀,设备箱内清洁无杂物	1次/月		
	设备及机柜表面	表面无明显积灰,外观完整无损坏	1次/月		
	机柜	柜门锁无损坏,柜门顺畅开关	1次/月	柜门与柜内接地线连接牢固可靠,电阻值不应大于1Ω	1次/月
		柜门与柜内接地线连接牢固	1次/月		
	线缆及标识	线缆连接牢固可靠、无松动,标识正确完整	1次/月		
运行状态	摄像机	摄像机成像清晰	1次/月		
		预置位可归位	1次/月		
		镜头、云台(上、下、左、右)控制有效	1次/月		
	磁盘阵列	工作运行指示灯正常(Power:无红色)	1次/月	检测磁盘阵列保护接地电阻,不大于1Ω	1次/月
		硬盘运行正常,无红色故障指示灯	1次/月		
		查询磁盘阵列存储总容量和物理配置一致	1次/月		
	视频工作站	表面无积灰,外观无损坏	1次/月		
		视频软件可正常登录、操作	1次/月		
		语音对讲功能正常	1次/月		
	视频服务器	运行指示灯正常,无告警指示灯	1次/月	检测视频服务器保护接地电阻,不大于1Ω	1次/月
		主备网卡工作正常状态,无告警指示灯	1次/月		
		硬盘运行正常,无红色故障指示灯	1次/月		
	解码器	检测图像输出状态,通过监视器查看输出图像	1次/月		
		工作指示灯显示正常(Connect:绿灯)	1次/月		
	监视器	图像显示清晰	1次/月		

5.2 视频软件平台

视频软件平台维护内容包括软件功能、软件配置、文件备份和清理,视频软件平台运行维护标准见表9.2。

表 9.2　　　　　　　　视频软件平台运行维护标准

维护内容		巡　查		检验及测试	
		巡查技术标准	频次	校验及测试技术标准	频次
视频软件平台	软件功能	软件平台各项功能，系统控制功能、监视功能、显示功能、记录回放功能、图像复核功能等工作正常	1次/月	检测软件平台与各硬件设备的互联互通及联动报警正常	1次/月
	软件配置	软件平台系统配置正确	1次/月		
	文件备份和清理	系统数据备份；核实备份数据有效且一致	1次/月		
		对系统运行过程中所产生的垃圾文件和日志文件等进行清理	1次/月		

6　记录及报告格式

6.1　视频监控系统巡查记录表

视频监控系统巡查记录见表9.3。

表 9.3　　　　　　　　视频监控系统巡查记录表

维护对象	维护内容		巡查技术标准	巡查结果	问题描述	处理结果
视频监控设备	设备外观	立杆及支架	立杆、支架及设备箱安装牢固，螺母紧固	□是 □否		□未处理 □已处理，处理方式： 处理人员： 处理时间：
			立杆、支架及设备箱无破损、无锈蚀，设备箱内清洁无杂物	□是 □否		□未处理 □已处理，处理方式： 处理人员： 处理时间：
		设备及机柜表面	表面无明显积灰，外观完整无损坏	□是 □否		□未处理 □已处理，处理方式： 处理人员： 处理时间：
		机柜	柜门锁无损坏，柜门顺畅开关	□是 □否		□未处理 □已处理，处理方式： 处理人员： 处理时间：
			柜门与柜内接地线连接牢固	□是 □否		□未处理 □已处理，处理方式： 处理人员： 处理时间：
		线缆及标识	线缆连接牢固可靠、无松动，标识正确完整	□是 □否		□未处理 □已处理，处理方式： 处理人员： 处理时间：

续表

维护对象	维护内容		巡查技术标准	巡查结果	问题描述	处 理 结 果
视频监控设备	运行状态	摄像机	摄像机成像清晰	□是 □否		□未处理 □已处理，处理方式： 处理人员： 处理时间：
			预置位可归位	□是 □否		□未处理 □已处理，处理方式： 处理人员： 处理时间：
			镜头、云台（上、下、左、右）控制有效	□是 □否		□未处理 □已处理，处理方式： 处理人员： 处理时间：
		磁盘阵列	工作运行指示灯正常（Power：无红色）	□是 □否		□未处理 □已处理，处理方式： 处理人员： 处理时间：
			硬盘运行正常，无红色故障指示灯	□是 □否		□未处理 □已处理，处理方式： 处理人员： 处理时间：
			查询磁盘阵列存储总容量和物理配置一致	□是 □否		□未处理 □已处理，处理方式： 处理人员： 处理时间：
		视频工作站	表面无积灰，外观无损坏	□是 □否		□未处理 □已处理，处理方式： 处理人员： 处理时间：
			视频软件可正常登录、操作	□是 □否		□未处理 □已处理，处理方式： 处理人员： 处理时间：
			语音对讲功能正常	□是 □否		□未处理 □已处理，处理方式： 处理人员： 处理时间：
		视频服务器	运行指示灯正常，无告警指示灯	□是 □否		□未处理 □已处理，处理方式： 处理人员： 处理时间：
			主备网卡工作正常状态，无告警指示灯	□是 □否		□未处理 □已处理，处理方式： 处理人员： 处理时间：

续表

维护对象	维护内容		巡查技术标准	巡查结果	问题描述	处理结果
视频监控设备	运行状态	视频服务器	硬盘运行正常，无红色故障指示灯	□是 □否		□未处理 □已处理，处理方式： 处理人员： 处理时间：
		解码器	检测图像输出状态，通过监视器查看输出图像	□是 □否		□未处理 □已处理，处理方式： 处理人员： 处理时间：
		解码器	工作指示灯显示正常（Connect：绿灯）	□是 □否		□未处理 □已处理，处理方式： 处理人员： 处理时间：
		监视器	图像显示清晰	□是 □否		□未处理 □已处理，处理方式： 处理人员： 处理时间：
视频监控软件平台	视频软件平台	软件功能	软件平台各项功能，系统控制功能、监视功能、显示功能、记录回放功能、图像复核功能等工作正常	□是 □否		□未处理 □已处理，处理方式： 处理人员： 处理时间：
		软件配置	软件平台系统配置正确	□是 □否		□未处理 □已处理，处理方式： 处理人员： 处理时间：
		文件备份	系统数据备份，核实备份数据有效且一致	□是 □否		□未处理 □已处理，处理方式： 处理人员： 处理时间：
		文件备份	对系统运行过程中所产生的垃圾文件和日志文件等进行清理	□是 □否		□未处理 □已处理，处理方式： 处理人员： 处理时间：

6.2 视频监控系统检验与测试记录表

视频监控系统检验与测试记录见表9.4。

表9.4　　　　　　视频监控系统检验与测试记录表

维护对象	维护内容	检验及测试	测试结果
视频监控	磁盘阵列	检测磁盘阵列保护接地电阻，不大于1Ω	
	视频机柜	柜门与柜内接地线连接牢固可靠，电阻值不应大于1Ω	
	视频服务器	检测视频服务器保护接地电阻，不大于1Ω	
	视频软件平台	检测软件平台与各硬件设备的互联互通及联动报警正常	

第10章 视频会议系统运行维护标准

1 适 用 范 围

本章运行维护标准适用于河南省南水北调受水区供水配套工程自动化调度与运行管理决策支持系统视频会议系统运行维护。

2 引用规范及标准

下列文件对于本章的应用是必不可少的。凡是注日期的引用文件,仅注日期的版本适用于本章。凡是不注日期的引用文件,其最新版本(包括所有的修改单)适用于本章。

GB/T 28827.1—2012《信息技术服务 运行维护 第1部分:通用要求》
GB/T 28827.2—2012《信息技术服务 运行维护 第2部分:交付规范》
GB/T 28827.4—2012《信息技术服务 运行维护 第4部分:数据中心服务规范》

3 术语和定义

3.1 视频会议

视频会议采用图像语音压缩技术,利用视讯会议通信系统和数字传输电路,在两点或者多点之间实时传送活动图像、语音、应用数据(电子白板、图形)信息形式的通信业务。

4 运行维护对象

运行维护对象为省办及地市视频会议系统。

5 运行维护内容及标准

视频会议运行维护内容包括:
(1)例行维护。
(2)响应支持。
(3)优化改善。

5.1 例行维护

例行维护包括设备外观、运行状态及运行日志等，视频会议系统例行维护内容标准见表10.1。

表10.1　　　　　　　　视频会议系统例行维护标准

维护对象	维护内容		巡查	
			巡查技术标准	频次
视频会议	设备外观	设备连接线缆	设备接线正常无松动，线缆梳理规整	1次/月
		视频会议系统各类设备清洁度	整机表面应干燥清洁、无积尘	1次/月
	运行状态	MCU的会议列表和状态	会议列表无报警	1次/月
		MCU标准配置模板	模板配置无缺项	1次/月
		设备状态指示灯	设备指示灯无报警	1次/月
		服务器登录	可以正常登录	1次/月
		录播服务器	录播服务器能够对会议录像	1次/月
		终端的注册状态	TMS服务器上终端注册信息可查	1次/月
		终端标准配置模板	媒体模板观看正常	1次/月
		会议室的图像、麦克风和PC演示正常	声音、图像和PC演示正常	1次/月
	运行日志	日志文件	日志文件中无报错	1次/月
		录制文件播放	录制的会议文件能够正常播放	1次/月

5.2 响应支持

响应支持内容包括故障处理类和服务处理类。运行维护内容包括但不限于以下内容：

（1）故障处理类。

1）视频会议系统的故障预判、定位、处理。

2）视频会议设备的维修与备件更换。

3）视频会议设备位置的变更。

（2）服务处理类。

1）提供视频会议的操作服务。

2）视频会议调试，会议前流程演练测试。

5.3 优化改善

优化改善内容包括但不限于以下内容：

1）音视频设备固件及系统软件的升级。

2）视频会议用户权限的合理分配。

3）根据应用需求和安全需求调整会议模板策略。

6 记录及报告格式

视频会议系统巡查记录见表 10.2。

表 10.2 视频会议系统巡查记录表

维护对象	维护内容		巡查技术标准	巡查结果	问题描述	处理结果
视频会议系统	设备外观	设备连接线缆	设备接线正常无松动,线缆梳理规整	□是 □否		□未处理 □已处理,处理方式: 处理人员: 处理时间:
		视频会议系统各类设备清洁度	整机表面应干燥清洁、无积尘	□是 □否		□未处理 □已处理,处理方式: 处理人员: 处理时间:
	运行状态	MCU 的会议列表和状态	会议列表无报警	□是 □否		□未处理 □已处理,处理方式: 处理人员: 处理时间:
		MCU 标准配置模板	模板配置无缺项	□是 □否		□未处理 □已处理,处理方式: 处理人员: 处理时间:
		设备状态指示灯	设备指示灯无报警	□是 □否		□未处理 □已处理,处理方式: 处理人员: 处理时间:
		服务器登录	可以正常登录	□是 □否		□未处理 □已处理,处理方式: 处理人员: 处理时间:
		录播服务器	录播服务器能够对会议录像	□是 □否		□未处理 □已处理,处理方式: 处理人员: 处理时间:
		终端的注册状态	TMS 服务器上终端注册信息可查	□是 □否		□未处理 □已处理,处理方式: 处理人员: 处理时间:
		终端标准配置模板	媒体模板观看正常	□是 □否		□未处理 □已处理,处理方式: 处理人员: 处理时间:

续表

维护对象	维护内容		巡查技术标准	巡查结果	问题描述	处 理 结 果
视频会议系统	运行状态	会议室的图像、麦克风和PC演示正常	声音、图像和PC演示正常	□是 □否		□未处理 □已处理，处理方式： 处理人员： 处理时间：
	运行日志	日志文件	日志文件中无报错	□是 □否		□未处理 □已处理，处理方式： 处理人员： 处理时间：
		录制文件播放	录制的会议文件能够正常播放	□是 □否		□未处理 □已处理，处理方式： 处理人员： 处理时间：

第11章 门禁系统运行维护标准

1 适用范围

本章运行维护标准适用于河南省南水北调受水区供水配套工程自动化调度与运行管理决策支持系统门禁系统运行维护。

2 引用规范及标准

下列文件对于本章的应用是必不可少的。凡是注日期的引用文件，仅注日期的版本适用于本章。凡是不注日期的引用文件，其最新版本（包括所有的修改单）适用于本章。

GB 50348—2014《安全防范工程技术规范》
GB 50394—2007《入侵报警系统工程设计规范》
GB 50396—2007《出入口控制系统工程设计规范》
GA/T 368—2016《入侵报警系统技术要求》
GA/T 394—2002《出入口控制系统技术要求》

3 术语和定义

3.1 门禁卡
门禁卡是门禁系统的识别依据，可分为IC卡、ID卡或指纹、虹膜等生物识别。

3.2 读卡器
读卡器是一种识别持卡人身份的设备，以判断持卡人是否有进出防区的权限。

3.3 门禁控制器
门禁控制器是门禁系统的核心，一般由一台微处理机和相应的外围电路组成，主要控制门禁系统电锁的开关门动作，读取门禁卡中有效信息。

3.4 门禁控制
门禁控制是允许正确的人在正确的时间、正确的门禁点出入，基于：权限识别、身份识别、密码识别。

4 运行维护对象

运行维护对象为各地市门禁系统。

5 运行维护内容及标准

视频会议运行维护内容包括：
(1) 门禁系统设备。
(2) 门禁系统软件平台。

5.1 门禁系统设备

门禁系统设备包括设备外观、运行状态维护，门禁系统设备运行维护标准见表11.1。

表11.1　　　　　　　　　门禁系统设备运行维护标准

维护内容			巡查	
			巡查技术标准	频次
门禁系统设备	设备外观	安装情况	安装牢固，无脱落	1次/月
		各类设备清洁度	外观无明显灰尘	1次/月
		线缆连接	牢固可靠、无松动、标识正确清晰齐全	1次/月
	运行状态	门禁卡	能正常使用	1次/月
		电磁锁	门磁信号：双信号输出	1次/月
			工作指示灯正常	1次/月
		读卡器	工作指示灯正常	1次/月
		出门按钮	测试出门按钮（门开启）	1次/月
			使用钥匙打开紧急出门按钮，电磁锁断电，门开启	1次/月
		门禁控制器	内置信息（名称、时间IP地址、继电器状态）完整且相符	1次/月
		门禁工作站	资源（CPU/内存/磁盘）使用率不大于90%	1次/月
			客户端可正常登录、操作、无告警	1次/月
			远程开关门测试：图标与门状态一致	1次/月
			备份系统文件	1次/月
		门禁服务器	指示灯正常，无告警指示灯	1次/月
			资源（CPU/内存/磁盘）使用率不大于90%	1次/月

5.2 门禁系统软件平台

门禁系统软件平台运行标准见表11.2。

表11.2　　　　　　　　　门禁系统软件平台运行维护标准

维护内容		巡查	
		巡查技术标准	频次
门禁系统软件平台	系统功能	各项功能测试正常	1次/月
		检测软件平台接口与各硬件设备的互联互通正常	1次/月

续表

维护内容		巡查	
		巡查技术标准	频次
门禁系统软件平台	系统配置	声音、图像和PC演示正常	1次/月
		账号、密码、操作权限正常	1次/月
	运行日志	进行系统数据备份；核实备份数据有效且一致	1次/月
		对系统运行过程中所产生的垃圾文件和日志文件等进行清理	1次/月

6 记录及报告格式

门禁系统巡查记录见表11.3。

表11.3　　　　　　　　　门禁系统巡查记录表

维护对象	维护内容		巡查技术标准	巡查结果	问题描述	处理结果
门禁系统	设备外观	安装情况	安装牢固，无脱落	□是 □否		□未处理 □已处理，处理方式： 处理人员： 处理时间：
		各类设备清洁度	外观无明显灰尘	□是 □否		□未处理 □已处理，处理方式： 处理人员： 处理时间：
		线缆连接	牢固可靠、无松动、标识正确清晰齐全	□是 □否		□未处理 □已处理，处理方式： 处理人员： 处理时间：
	运行状态	门禁卡	能正常使用	□是 □否		□未处理 □已处理，处理方式： 处理人员： 处理时间：
		电磁锁	门磁信号：双信号输出	□是 □否		□未处理 □已处理，处理方式： 处理人员： 处理时间：
			工作指示灯正常	□是 □否		□未处理 □已处理，处理方式： 处理人员： 处理时间：
		读卡器	工作指示灯正常	□是 □否		□未处理 □已处理，处理方式： 处理人员： 处理时间：

续表

维护对象	维护内容		巡查技术标准	巡查结果	问题描述	处 理 结 果
门禁系统	运行状态	出门按钮	测试出门按钮（门开启）	□是 □否		□未处理 □已处理，处理方式： 处理人员： 处理时间：
			使用钥匙打开紧急出门按钮，电磁锁断电，门开启	□是 □否		□未处理 □已处理，处理方式： 处理人员： 处理时间：
		门禁控制器	内置信息（名称、时间 IP 地址、继电器状态）完整且相符	□是 □否		□未处理 □已处理，处理方式： 处理人员： 处理时间：
		门禁工作站	资源（CPU/内存/磁盘）使用率不大于90%	□是 □否		□未处理 □已处理，处理方式： 处理人员： 处理时间：
			客户端可正常登录、操作、无告警	□是 □否		□未处理 □已处理，处理方式： 处理人员： 处理时间：
			远程开关门测试：图标与门状态一致	□是 □否		□未处理 □已处理，处理方式： 处理人员： 处理时间：
			备份系统文件	□是 □否		□未处理 □已处理，处理方式： 处理人员： 处理时间：
		门禁服务器	指示灯正常，无告警指示灯	□是 □否		□未处理 □已处理，处理方式： 处理人员： 处理时间：
			资源（CPU/内存/磁盘）使用率不大于90%	□是 □否		□未处理 □已处理，处理方式： 处理人员： 处理时间：
	门禁软件平台	系统功能	各项功能测试正常	□是 □否		□未处理 □已处理，处理方式： 处理人员： 处理时间：
			检测软件平台接口与各硬件设备的互联互通正常	□是 □否		□未处理 □已处理，处理方式： 处理人员： 处理时间：

续表

维护对象	维护内容		巡查技术标准	巡查结果	问题描述	处 理 结 果
门禁系统	门禁软件平台	系统配置	声音、图像和 PC 演示正常	□是 □否		□未处理 □已处理，处理方式： 处理人员： 处理时间：
			账号、密码、操作权限正常	□是 □否		□未处理 □已处理，处理方式： 处理人员： 处理时间：
		运行日志	进行系统数据备份；核实备份数据有效且一致	□是 □否		□未处理 □已处理，处理方式： 处理人员： 处理时间：
			对系统运行过程中所产生的垃圾文件和日志文件等进行清理	□是 □否		□未处理 □已处理，处理方式： 处理人员： 处理时间：

第12章 通信光缆运行维护标准

1 适用范围

本章运行维护标准适用于河南省南水北调受水区供水配套工程自动化调度与运行管理决策支持系统通信管道、光缆运行维护,包括直埋光缆、租用光缆、架空光缆、管道光缆等。

2 引用规范及标准

下列文件对于本章的应用是必不可少的。凡是注日期的引用文件,仅注日期的版本适用于本章。凡是不注日期的引用文件,其最新版本(包括所有的修改单)适用于本章。

GB 50374—2006《通信管道工程施工及验收规范》

GB 50689—2011《通信局(站)防雷与接地工程设计规范》

YD/T 5121—2010《通信线路工程验收规范》

YD/T 5066—2005《光缆线路自动监测系统工程设计规范》

YD/T 5093—2005《光缆线路自动监测系统工程验收规范》

YD/T 5138—2005《本地通信线路工程验收规范》

3 术语和定义

3.1 通信管道

通信管道是通信线路在地面下的主要载体,用于敷设通信线路及线路附属设施。管道为整个管道网,由所有的管道段[任意相邻两人(手)孔之间称为一段管道]组成。

3.2 人孔

人孔是指管道段或槽道段的终端建筑。便于工程维护人员进行安装维护管道、子管、光缆、电缆,有一定空间的地下设施。

3.3 光缆

光缆是由程同心圆的双层透明介质构成的一种纤维。内层介质称为纤芯,其折射率高于外层介质(称为涂覆层)。光缆由单根或多根光纤组合而成,并加以增强和保护制成。

3.4 光缆接头盒

光缆接头盒是指用于光缆线路中架空、管道(人孔)、直埋等敷设方式的直通或分歧接续,对光缆接续起保护作用的包扎、密封盒。

3.5 光缆预留

光缆预留是指敷设光缆的过程中在人（手）孔、杆塔、机房，将缆长的一部分盘绕起来，以备将来调节之需的那一部分光缆。

3.6 保护接地

保护接地是指电气装置的金属外壳、配电装置的构架和线路杆塔等，由于绝缘损坏有可能带电，为防止其危及人身和设备的安全而设的接地。

3.7 光纤连接

光纤连接用于连接光缆光纤的一个器件或一组器件。

3.8 RTU 监测站

RTU 监测站用于监视、控制与数据采集。监测站由 OTDR、PUW、OSW、OPM、MCU 等硬件集成，包含 6 个模块：OTDR、电源模块、光开关模块、光功率模块、主控模块、风扇模块。主控模块负责监控光缆的信息，测试模块负责测试光缆状态。

3.9 光缆监测系统

光缆监测系统是指对光缆的光功率进行监控，判断是否存在告警。当出现告警时，系统将对光缆进行测试，以获取光缆故障点的所在位置。

3.10 监控

监控是指通过光功率监测单元（OPM）实时采集光功率数据，分析判断是否告警。

4 运 行 维 护 对 象

运行维护对象为通信管道、人孔、光缆、光缆终端盒、RTU 设备、光缆监测服务器、光缆监测软件等。

5 运行维护内容及标准

5.1 通信管道

通信管道运行维护内容包括管道、标识、堵头等，通信管道运行维护标准见表 12.1。

表 12.1　　　　　　　　　　通信管道运行维护标准

维护内容		巡 查	
		巡查技术标准	频次
通信管道	管道	管道无深陷、破损	1 次/季
		预留硅芯管无明显灰尘	1 次/季
	标识	标识标志无缺失损坏	1 次/季
	堵头	堵头与硅芯管匹配，安装在硅芯管上时应牢固，不进水及杂物	1 次/季
		硅芯管堵头的橡胶无脱落、不破裂	1 次/季

5.2 人孔

人孔运行维护内容包括人孔、井盖、托盘托架、标识等，人孔运行维护标准见

表12.2。

表12.2　　　　　　　　人孔运行维护标准

维护内容		巡查	
		巡查技术标准	频次
人孔	人孔	人孔无深陷、破损	1次/季
		井内无淤泥、杂物	1次/季
	井盖	井盖无丢失	1次/季
		井盖上无堆方物资	1次/季
	托盘托架	无缺失损坏	1次/季
	标识	无缺失损坏	1次/季

5.3　光缆

光缆运行维护内容包括直埋光缆、架空光缆、穿硅芯、管道光缆、光缆终端盒等，光缆运行维护标准见表12.3。

表12.3　　　　　　　　光缆运行维护标准

维护内容		巡查		检验及测试	
		巡查技术标准	频次	校验及测试技术标准	频次
光缆	直埋光缆	防雷线工作正常	1次/季		1次/季
		光缆标示清晰	1次/季		1次/季
	架空光缆	吊线、拉线安装牢固	1次/季		1次/季
		立杆牢固、标识清楚	1次/季		1次/季
		避雷线和接地线连接正常	1次/季		1次/季
	穿硅芯管道光缆	人孔内光缆走线排列整齐、预留光缆和接头盒的固定是否可靠	1次/季		1次/季
		人孔内光缆无尘垢	1次/季		1次/季
		标识正确、清晰、齐全	1次/季		1次/季
		光缆的外护层及接头盒有无腐蚀、损坏或变形等异常情况	1次/季		1次/季
	光缆终端盒	光缆终端盒表面无明显灰尘	1次/季		1次/季
		光缆终端盒安装牢固	1次/季		1次/季
		光缆终端盒保护地线无锈蚀、损坏，连接线牢固无松动	1次/季	测试光缆终端盒到地排之间的电阻值不应大于1Ω	1次/季

5.4　RTU设备

RTU设备运行维护内容包括外观、线缆连接、板卡等，RTU设备运行维护标准见

表 12.4。

表 12.4　　RTU 设备运行维护标准

维护内容		巡查	
		巡查技术标准	频次
RTU 设备	外观	设备清洁无明显灰尘，设备无锈蚀	1次/季
	线缆连接	线缆连接牢固可靠、无松动，线缆绝缘层无破损，线缆标签标识完整无缺失，字迹清晰可辨	1次/季
	板卡	检查各板卡状态正常，网管可显示状态	1次/季

5.5　光缆监测服务器

光缆监测服务器运行维护内容包括设备外观、运行状态、日志文件等，光缆监测服务器运行维护标准见表 12.5。

表 12.5　　光缆监测服务器运行维护标准

维护内容		巡查	
		巡查技术标准	频次
光缆监测服务器	设备外观	设备、线缆标签粘贴正确，无脱落	1次/季
		设备清洁无明显灰尘	1次/季
	运行状态	运行指示灯正常，无报警指示灯	1次/季
		检查服务器资源（内存/磁盘）使用率不大于90%	1次/季
		无磁盘脱机	1次/季
	日志文件	周期性备份系统文件	1次/季

5.6　光缆监测软件

光缆监测软件运行维护内容包括系统功能、系统配置、日志文件等，光缆监测软件运行维护标准见表 12.6。

表 12.6　　光缆监测软件运行维护标准

维护内容		巡查	
		巡查技术标准	频次
光缆监测软件	系统功能	各项功能测试正常	
	系统配置	软件配置正确	
		账号、密码、操作权限正常	
	日志文件	进行系统数据备份，核实备份数据有效且一致	
		对系统运行过程中所产生的垃圾文件和日志文件等进行清理	

6　记录及报告格式

光缆运行维护记录见表 12.7。

表 12.7　　　　　　　　　　光缆运行维护记录表

维护对象	维护内容	巡查技术标准	巡查结果	问题描述	处 理 结 果
通信管道	管道	管道无深陷、破损	□是 □否		□未处理 □已处理，处理方式： 处理人员： 处理时间：
		预留硅芯管无明显灰尘	□是 □否		□未处理 □已处理，处理方式： 处理人员： 处理时间：
	标识	标识标志无缺失损坏	□是 □否		□未处理 □已处理，处理方式： 处理人员： 处理时间：
	堵头	堵头与硅芯管匹配，安装在硅芯管上时应牢固，不进水及杂物	□是 □否		□未处理 □已处理，处理方式： 处理人员： 处理时间：
		硅芯管堵头的橡胶无脱落、不破裂	□是 □否		□未处理 □已处理，处理方式： 处理人员： 处理时间：
人孔	人孔	人孔无深陷、破损	□是 □否		□未处理 □已处理，处理方式： 处理人员： 处理时间：
		井内无淤泥、杂物	□是 □否		□未处理 □已处理，处理方式： 处理人员： 处理时间：
	井盖	井盖无丢失	□是 □否		□未处理 □已处理，处理方式： 处理人员： 处理时间：
		井盖上无堆方物资	□是 □否		□未处理 □已处理，处理方式： 处理人员： 处理时间：
	托盘、托架	无缺失损坏	□是 □否		□未处理 □已处理，处理方式： 处理人员： 处理时间：
	标识	无缺失损坏	□是 □否		□未处理 □已处理，处理方式： 处理人员： 处理时间：

续表

维护对象	维护内容	巡查技术标准	巡查结果	问题描述	处理结果
光缆	直埋光缆	防雷线工作正常	□是 □否		□未处理 □已处理，处理方式： 处理人员： 处理时间：
		光缆标示清晰	□是 □否		□未处理 □已处理，处理方式： 处理人员： 处理时间：
	架空光缆	吊线、拉线安装牢固	□是 □否		□未处理 □已处理，处理方式： 处理人员： 处理时间：
		立杆牢固、标识清楚	□是 □否		□未处理 □已处理，处理方式： 处理人员： 处理时间：
		避雷线和接地线连接正常	□是 □否		□未处理 □已处理，处理方式： 处理人员： 处理时间：
	穿硅芯管道光缆	人孔内光缆走线排列整齐，预留光缆和接头盒的固定是否可靠	□是 □否		□未处理 □已处理，处理方式： 处理人员： 处理时间：
		人孔内光缆无尘垢	□是 □否		□未处理 □已处理，处理方式： 处理人员： 处理时间：
		标识正确、清晰、齐全	□是 □否		□未处理 □已处理，处理方式： 处理人员： 处理时间：
		光缆的外护层及接头盒有无腐蚀、损坏或变形等异常情况	□是 □否		□未处理 □已处理，处理方式： 处理人员： 处理时间：
	光缆终端盒	光缆终端盒表面无明显灰尘	□是 □否		□未处理 □已处理，处理方式： 处理人员： 处理时间：
		光缆终端盒安装牢固	□是 □否		□未处理 □已处理，处理方式： 处理人员： 处理时间：

续表

维护对象	维护内容	巡查技术标准	巡查结果	问题描述	处理结果
光缆	光缆终端盒	光缆终端盒保护地线无锈蚀、损坏，连接线牢固无松动	□是 □否		□未处理 □已处理，处理方式： 处理人员： 处理时间：
RTU设备	外观	设备清洁无明显灰尘；设备无锈蚀	□是 □否		□未处理 □已处理，处理方式： 处理人员： 处理时间：
RTU设备	线缆连接	线缆连接牢固可靠、无松动，线缆绝缘层无破损，线缆标签标识完整无缺失，字迹清晰可辨	□是 □否		□未处理 □已处理，处理方式： 处理人员： 处理时间：
RTU设备	板卡	检查各板卡状态正常，网管可显示状态	□是 □否		□未处理 □已处理，处理方式： 处理人员： 处理时间：
光缆监测服务器	设备外观	设备、线缆标签粘贴正确，无脱落	□是 □否		□未处理 □已处理，处理方式： 处理人员： 处理时间：
光缆监测服务器	设备外观	设备清洁无明显灰尘	□是 □否		□未处理 □已处理，处理方式： 处理人员： 处理时间：
光缆监测服务器	运行状态	运行指示灯正常，无报警指示灯	□是 □否		□未处理 □已处理，处理方式： 处理人员： 处理时间：
光缆监测服务器	运行状态	检查服务器资源（内存/磁盘）使用率不大于90%	□是 □否		□未处理 □已处理，处理方式： 处理人员： 处理时间：
光缆监测服务器	运行状态	无磁盘脱机	□是 □否		□未处理 □已处理，处理方式： 处理人员： 处理时间：
光缆监测服务器	日志文件	周期性备份系统文件	□是 □否		□未处理 □已处理，处理方式： 处理人员： 处理时间：
光缆监测软件	系统功能	各项功能测试正常	□是 □否		□未处理 □已处理，处理方式： 处理人员： 处理时间：

续表

维护对象	维护内容	巡查技术标准	巡查结果	问题描述	处 理 结 果
光缆监测软件	系统配置	软件配置正确	□是 □否		□未处理 □已处理,处理方式: 处理人员: 处理时间:
		账号、密码、操作权限正常	□是 □否		□未处理 □已处理,处理方式: 处理人员: 处理时间:
	日志文件	进行系统数据备份,核实备份数据有效且一致	□是 □否		□未处理 □已处理,处理方式: 处理人员: 处理时间:
		对系统运行过程中所产生的垃圾文件和日志文件等进行清理	□是 □否		□未处理 □已处理,处理方式: 处理人员: 处理时间:

第13章 应用系统运行维护标准

1 适用范围

本章运行维护标准适用于河南省南水北调受水区供水配套工程自动化调度与运行管理决策支持系统应用系统运行维护。

2 引用规范及标准

下列文件对于本章的应用是必不可少的。凡是注日期的引用文件，仅注日期的版本适用于本章。凡是不注日期的引用文件，其最新版本（包括所有的修改单）适用于本章。

GB/T 28827.1—2012《信息技术服务 运行维护 第1部分：通用要求》
GB/T 28827.2—2012《信息技术服务 运行维护 第2部分：交付规范》
GB/T 28827.6—2019《信息技术 服务运行维护 第6部分：应用系统服务要求》
GB/T 20157—2006《信息技术 软件维护》

3 术语和定义

3.1 应用软件
应用软件是指设计用于实现用户的特定需要而非计算机本身问题的软件。

3.2 调研评估
调研评估是对应用软件及其运行环境的调查研究和分析评价，提出应用系统的运行报告或建议。

4 运行维护对象

应用系统运行维护包括应用软件及其运行环境的运行维护、数据维护和应用系统迁移。

5 运行维护内容及标准

5.1 应用软件及其运行环境运行维护
应用软件及其运行环境运行维护内容包括调研评估、例行操作、响应支持、优化改善、变更发布等。具体维护内容及标准见表13.1。

表 13.1　　　　应用软件及其运行环境运行维护内容及技术标准

维护内容		运行维护技术标准	
		维护技术标准	频次
应用软件	调研评估	识别关键业务点和核心业务系统	至少一次，根据需求修改
		应用系统关联分析	至少一次，根据需求修改
		应用系统维护性分析，明确应用系统运行维护方式、组成要素及运行维护特点	至少一次，根据需求修改
	例行操作	建立应用系统监控指标	至少一次，根据需求修改
		系统运行状态监控	即时
		调查用户改进建议	1次/半年
		分析维护事件、识别问题和风险	1次/半年
	响应支持	非故障请求：按服务级别协议分类处理	根据需求
		故障诊断定位：排查、诊断定位和故障	根据需求
		解决方案制定	根据需求
		故障处理：执行故障解决方案，检测、监控、跟踪	根据需求
		新用户和新功能上线：配置用户及用户权限、数据初始化、安全检查和功能使用培训等	根据需求
		应急响应：应急预案编制、应急演练、应急处置和应急回顾等	1次/半年
	优化改善	识别优化改善的机会	1次/半年
		应用软件修改、完善	根据需求
	变更发布	变更实施与发布	根据需求
		配置信息更新	根据需求
		变更之后系统监控	根据需求

（1）调研评估。

调研评估包括应用系统组成要素的构成分解、关联关系分析和应用系统的维护性分析。

（2）例行操作。

例行操作即对应用软件及其运行环境的预定运行维护，以保障应用系统的正常运行。例行操作包括应用系统运行的监控指标体系设计、应用系统运行的监控、客户回访问题分析。

（3）响应支持。

响应支持即对应用软件及其运行环境的服务请求或故障申报提供即时运行维护，以保障应用系统的正常运行。响应支持包括服务受理、非故障请求处理、故障诊断定位解决方案制定故障处理、新用户和新功能上线应急响应。

(4)优化改善。

优化改善即对应用系统的功能和性能进行调优,并满足新的需求。包括识别优化改善的机会、应用软件的修改、完善。

(5)变更发布。

管理、控制变更的过程通过变更有序实施,确保变更的成功导入,主要运行维护内容包括变更的实施与发布、配置信息更新、变更之后系统监控。

5.2 数据

数据的运行维护包括例行操作、响应支持、优化改善、评估分析,数据运行维护技术标准见表13.2。

表13.2　　　　　　　　　　数据运行维护技术标准

维护内容		运行维护技术标准	
		维护技术标准	频次
数据	例行操作	数据监控:针对数据告警情况监测,确保数据完整性和准确性	即时
		预防性检查:针对与应用软件直接关联的数据,检查数据的一致性、符合性和安全性	1次/半年
		常规检查:抽检业务数据的真实性、有效性,防止数据错误	1次/半年
	响应支持	数据问题处理:包括数据错误、数据丢失、数据冗余、数据截断等问题	1次/半年
		数据服务请求处理:按数据授权提供数据服务,包括数据提取、数据加工、数据质量清理、数据查询统计分析、数据挖掘、数据脱敏、数据迁移、数据备份、特殊数据维护等	1次/年
		应急响应包括应急预案编制、应急演练、应急处置和应急回顾等	1次/年
	优化改善	诊断分析:围绕例行操作和响应支持中出现频率高、影响范围广、重要程度大的数据问题诊断分析	1次/年
		解决:针对诊断分析结果,制定解决方案并实施	1次/年
		改进:提出优化方案	1次/年
	评估分析	数据质量评估:包括基础数据质量评估、辅助数据质量评估和业务数据的影响分析	1次/半年
		数据修改影响评估:包括业务参数修改的影响评估、数据字典修改的影响评估、基础数据修改的影响评估和业务数据修改的影响评估	1次/半年
		数据规范评估:包括基础数据共同遵守的规则和命名的评估,业务场景对应业务数据规则的业务数据评估和业务关键数据应遵循的规则评估	1次/半年
		业务数据分析:包括面向业务重点支撑和战略需求的数据分析和面向预测重点支撑业态发展趋势的数据分析	1次/半年
		应用软件变更对数据影响的评估,包括业务扩展、功能扩展等应用软件变更引起对数据完整性、一致性的评估,以及应用系统升级、变更、迁移等数据完整性、一致性的评估	1次/半年

(1)例行操作。

例行操作即预定运行维护,确保数据的可用、准确、完整、安全。例行操作包括数据监控、预防性检查、常规检查。

（2）响应支持。

响应支持提供即时运行维护，以确保数据的可用性、准确性、完整性。响应支持包括数据问题处理、服务请求处理和应急响应。

（3）优化改善。

优化改善即改善数据质量满足业务需求。优化改善包括诊断分析、解决和改进。

（4）评估分析。

评估分析是评估和分析业务数据，给出业务数据质量报告或数据运行维护改进建议，保证数据对业务的有效支持。评估分析包括数据质量评估、数据修改影响评估、数据规范评估、业务数据分析和应用软件变更对数据影响的评估。

5.3 应用系统迁移

应用系统迁移应确保过程有效、应用系统迁移稳定。运行维护内容主要包括制定迁移计划、迁移实施、迁移后的运行评审等。应用系统迁移运行维护技术标准见表 13.3。

表 13.3　　　　　　　　　应用系统迁移运行维护技术标准

维护内容		运行维护技术标准	
		维护技术标准	频次
应用系统迁移	制定迁移计划	制定迁移计划并形成文档	根据需要
	迁移实施	通知用户	
		归档原环境中的日志、文档	
		迁移至新环境及提供相应的培训	
	迁移后的运行评审	新环境运行稳定	
		新环境对应用系统的影响	